城市景观规划与设计实用读本

城市街旁绿地规划设计

刘 骏 蒲蔚然 著

中国建筑工业出版社

图书在版编目（CIP）数据

城市街旁绿地规划设计／刘骏，蒲蔚然著．—北京：中国建筑工业出版社，2013.6
（城市景观规划与设计实用读本）
ISBN 978-7-112-15346-6

Ⅰ．①城… Ⅱ．①刘…②蒲… Ⅲ．①城市绿地－城市规划－绿化规划－研究 Ⅳ．①TU985

中国版本图书馆CIP数据核字（2013）第076081号

城市街旁绿地是居民日常使用频率最高、最容易到达的城市绿地。近年来，各城市加大了对街旁绿地的建设，对提高城市居民休闲生活水平，提升城市的景观环境质量起到了一定的作用。

本书对城市街旁绿地的特征、功能以及现有设计存在的问题等进行了阐述，系统介绍了城市街旁绿地设计的影响因素及程序，研究了不同类型城市街旁绿地的空间组织并提出其细节方面的设计要点，以丰富的实例及经典案例分析为载体，介绍了风格化的街旁绿地设计方法，对值得借鉴的设计手法进行了总结。

本书可供风景园林、城市设计、城市规划和建筑学专业从业人员及城市管理部门的工作人员学习和参考。也可作为大专院校相关专业的教学参考书及设计课程教材。

责任编辑：王玉容
书籍设计：锋　尚
责任校对：肖　剑　陈晶晶

城市景观规划与设计实用读本
城市街旁绿地规划设计
刘　骏　蒲蔚然　著
*
中国建筑工业出版社出版、发行（北京西郊百万庄）
各地新华书店、建筑书店经销
北京锋尚制版有限公司制版
北京画中画印刷有限公司印刷
*
开本：787×1092毫米　1/16　印张：11¾　字数：230千字
2013年10月第一版　2013年10月第一次印刷
定价：88.00元
ISBN 978－7－112－15346－6
（23442）

前言

PREFACE

城市街旁绿地是居民日常使用频率最高、最容易到达的城市绿地。近年来，各城市加大了对街旁绿地的建设，对提高城市居民休闲生活水平，提升城市的景观环境质量起到了一定的作用。然而，由于受街旁绿地规模较小，投资不大，社会影响较低等因素的限制，其规划设计往往不受重视。从街旁绿地建设的现状来看，缺乏系统性的规划和人性化的设计以及风格混乱等问题都较为突出。

本书针对上述问题进行了较为系统的研究。从规划到设计层面，总结了城市街旁绿地的特征，提出了规划设计的原则，并对设计方法和程序进行了探索。针对街旁绿地的特殊性，着重介绍了城市街旁绿地的空间组织和设计要点。全书共分五章，第一章对城市街旁绿地的特征、功能、现有设计存在的问题等进行分析；第二章通过实例介绍城市街旁绿地设计的影响因素及程序；第三章研究不同类型城市街旁绿地的空间组织；第四章提出城市街旁绿地的细节设计要点；第五章以经典案例分析为载体，介绍风格化的街旁绿地设计方法，并对案例中值得借鉴的地方作了总结。

本书撰写历时4年时间，在这期间重庆大学建筑城规学院的研究生曾曦、高云、谢超、张为先、贾小艳、吴雪凌、胡琪琦、张乐天、李贺、张立、苟倩、米小华、廖娟、李婉秋、彭希茜等承担了大量的资料收集、整理和图片加工工作，在此，对他们的辛勤劳动一并表示感谢。

由于笔者水平有限，书中难免出现错漏和不当之处，希望广大读者和同行批评指正。

刘　骏　蒲蔚然

2013年5月

目录
CONTENTS

第三章　不同类型城市街旁绿地的空间组织

第四章　城市街旁绿地细节设计要点

第五章　美国城市街旁绿地设计典型案例解析

第一章
城市街旁绿地概述

随着生活水平的提高、生活方式的改变以及闲暇时间的增加，人们对城市中休闲活动的要求也越来越高。城市绿地是城市休闲活动的重要载体，街旁绿地是市民日常生活中接触最多、联系最紧密、最易于到达的城市绿地。因此，城市街旁绿地规划设计水平的高低将直接影响到人们的休闲生活质量。要研究城市街旁绿地的规划设计，首先应该对它的概念、性质、分类、功能等有所了解。

1 城市街旁绿地的界定

1.1 定义

“街旁绿地”从字面上来看，是指紧临城市道路和街道的开放绿地。在不同的时期及不同的国家，叫法各不相同。从二十世纪五六十年代起，我国沿用苏联的叫法，称这类绿地为小游园或街坊绿地，之后也叫街头绿地或街头小游园。在日本，类似的绿地被称之为“街区公园”，指的是“主要为本居住区的老人及儿童利用，服务半径250m，每处面积0.25hm^2，每居住小区4处”的城市绿地。此外，日本还有一类绿地，即芦原义信在《街道的美学》一书中提到的“密接型”（Immediacy）开放空间，也类似于街旁绿地这一概念，是指该类绿地与街道有密切的联系，“意味着视觉上的联通、靠近、可及”。在美国，类似的绿地被称为袖珍公园（vest pocket park）。袖珍公园是指很小的、供市民休闲使用的公园或室外空间，如有休息座椅和喷泉的广场或院子（a very small park or outdoor area for public leisure, esp. an urban plaza or courtyard with benches and fountains）。而对该类公园的界定，相关专业人员也提出“袖珍公园的概念是相对的，通常情况下，它们的大小是1~3个宅基地”。同时还提出：常见的袖珍公园应包括花草树木、服务于成年人的休息场所、服务于儿童的游戏场所、识别性强的标志、篮球架、可开展活动的大空间等全部或部分设计要素（图1–1）。[1]

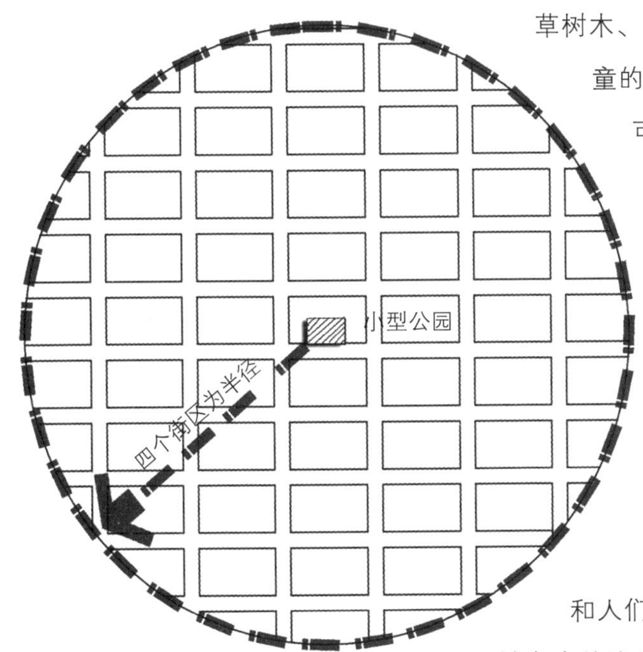

图1–1　美国的袖珍公园

从对这类绿地界定的情况来看，虽然对城市街旁绿地的性质都做了一些总结，但就城市街旁绿地这一概念来说，仍然是一种笼统、习惯性的提法，并没有一个十分明确的标准和确切的定义。

随着我国城市环境建设的迅速发展和人们对休闲生活水平要求的提高，散布在城市中的这类小型绿地在改善市民休闲生活质量、提高城市景观等方面的作用日益凸显，这类绿地的建设也越来越受到重视。在2002年9月建设部颁布的《城市绿地分类标准》（CJJ/T85–2002）中，将城市街旁绿地（G15）单独列出，同时对其内容与范围做出了明确的定义和解释，即"位于城市道路用地之外，相对独立成片的绿地，包括街道广场绿地、小型沿街绿化用地等"。该标准还规定了城市街旁绿地"绿化占地比例应大于等于65%"，在其后的条文说明中对城市街旁绿地的释义为"城市街旁绿地是散布于城市中的中小型开放式绿地，虽然有的街旁绿地面积较小，但具备游憩和美化城市景观的功能，是城市中量大面广的一种公园绿地类型"。

通过国家行业主管部门颁布统一标准来明确街旁绿地的定义和范畴，对街旁绿地的发展建设具有重要的意义。然而仔细分析不难发现，这一定义更关注街旁绿地的用地属性、绿化占地比例等，对与街旁绿地设计密切相关的绿地规模、位置、空间等特征并未做出明确的界定，而且对下一层次划分的"街道广场绿地"和"小型沿街绿化用地"也没有提出明确的分类标准。对街旁绿地的特征有一个统一清晰的认识是研究街旁绿地设计方

---

① 克莱尔.库柏.马库斯　卡罗琳.弗朗西斯　人性场所——城市开放空间设计导则 [M] 俞孔坚　孙鹏　王志芳等译　北京：中国建筑工业出版社 2001　第140页

法的前提。基于这样的考虑，在总结国内外街旁绿地共同特征的基础上，通过综合比较，本书对城市街旁绿地的定义为：**城市街旁绿地是指临近城市道路街道，同时与居住区或城市公共区域联系紧密，以游憩和美化城市景观功能为主的小型公共开放绿地**。街旁绿地散布在城市中，是城市中量大面广、使用频率最高的公园绿地。

1.2 特征

城市公园分为综合公园、社区公园、专类公园、带状公园、街旁绿地等五大类（图1–2）。城市街旁绿地是城市公园绿地的一种类型。因此，城市街旁绿地具有公园绿地的一般特征，即：向公众开放，经过专业规划设计，具有一定的活动设施和园林艺术布局，以供市民休憩游览娱乐为主要功能。与其他城市公园绿地相比，城市街旁绿地因与城市道路的关系、规模、服务范围等不同而具有自己的特征，这些特征对街旁绿地的规划设计有较大的影响。因此，在对街旁绿地的规划设计研究之前，应深入了解这些特征。通过对比研究可以发现，街旁绿地的主要特征表现在以下几个方面：

1.2.1 城市街旁绿地的“开放性”

所谓“开放性”也叫公共性，是街旁绿地作为城市公园绿地的一种基本特性，即街旁绿地是城市公共开放空间的一部分，对所有市民开放，人

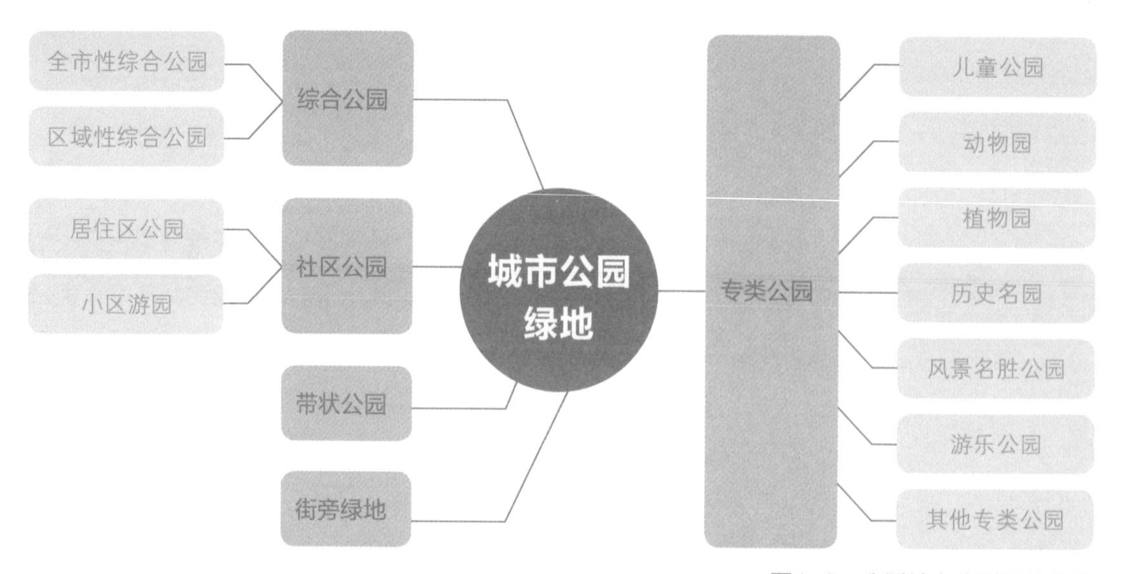

图1–2 我国城市公园绿地分类

图1-3　街旁绿地中的各种休闲活动

们可以自由出入。

基于这一特性，街旁绿地的规划设计应满足不同人群的使用需求，保证不同年龄、性别、职业、兴趣爱好和身体状态的人，都能方便地到达和进入。因此街旁绿地设计中应充分考虑场地的可达性和使用的便捷性，保证视线和活动行为的贯通。

1.2.2　城市街旁绿地的“休闲性”

城市街旁绿地的“休闲性”是街旁绿地作为城市公园绿地的另一种基本特性，即公园绿地应以供市民休憩、游览、娱乐为主要功能特色。而与街道和道路联系最紧密、在城市中分布范围最广、市民使用最方便的街旁绿地则应以满足市民最日常的休闲活动为主（图1-3）。街旁绿地的规划设计应在调查使用者的日常休闲活动方式的基础上，合理组织空间布局，充分体现城市街旁绿地的休闲功能。

1.2.3　城市街旁绿地的“密接性”

所谓“密接性”，是指城市街旁绿地与城市街道或道路一般有着紧密的邻接关系。在空间关系上，城市街旁绿地或紧临街道、或位于街道的转角处、或跨街区两面或三面临街。不论街旁绿地位于街区的哪个位置，其根本特征都是与街道或道路有密切、便利的联系。这一特征使街旁绿地成为城市中使用频率最高的一类绿地。

基于街旁绿地的这一特点，在设计中应认真研究绿地与街道和道路的关系，对出入口和边界做出细致安排，加强空间和行为方式的处理。

1.2.4 城市街旁绿地的“袖珍性”

城市街旁绿地的“袖珍性”是界定街旁绿地规模的一个特征。所谓“袖珍性”是一个相对而言的概念，是指街旁绿地规模一般不大。在城市公园绿地系统中，街旁绿地是规模最小的一类绿地，是公园绿地系统“点”、“线”、“面”结构中的“点”。本书界定的城市街旁绿地的适宜面积在几百平方米到一两公顷之间。

城市街旁绿地的“袖珍性”要求在设计中从总体布局到细节安排都应体现小型户外空间设计的特点。尤其要在空间尺度和要素系统的组成方面进行控制，形成尺度亲切、易于接近、使用方便的户外空间环境。一般情况下，如果街旁绿地面积偏小，则宜突出其某一项特点；如果面积相对较大，则可进行适当的空间划分，使各项活动相对独立，互不干扰。

1.2.5 城市街旁绿地的“复合性”

城市街旁绿地的“复合性”是指规模相对较小的街旁绿地要满足健身、游戏、休息、交谈等多种日常活动的需要，必须保证空间和设施使用上的多功能性。例如，同样的场地在早上可能是晨练的场所，在中午可能是人们休息的地方，而在晚上则可能是老年人聚会跳舞的去处。而花台、栏杆、台阶等小品设施一方面要具有围合、通行等基本功能。另一方面也应考虑作为休息的设施和景观构成要素（图1–4）。

图1–4 街旁绿地中的设施具有多功能性

这些“复合性”的特征，使得城市街旁绿地可以利用有限的空间资源为市民提供功能多样的休闲生活空间，为城市环境创造多彩的景观效果。

1.2.6 城市街旁绿地的“软质性”

城市街旁绿地的“软质性”是指街旁绿

地的构成应以绿化为主。在《城市绿地分类标准》CJJ/T85–2002中明确了街旁绿地的绿化占地的比例，即“绿化占地比例应大于等于65%”（在人流较为集中的街旁绿地，这一指标可以以绿化覆盖率来代替）。这一特征表明，街旁绿地不同于以硬质景观为主的城市广场，虽然都是满足城市中市民日常休闲活动的需求，但是街旁绿地在设计中更应注重植物的选择与搭配，以植物元素为主来建构空间和营造景观。

2 城市街旁绿地的功能

城市绿地是城市最重要的自然要素之一，具有生态、美化、生产等多重功能，在城市中发挥着社会、环境和经济的综合效益。由于各类绿地的规模和性质不同，它们的功能也各有侧重。如防护绿地以卫生、隔离和安全防护功能为主；生产绿地最主要的是生产功能；而以供市民休憩游览娱乐为主的公园绿地，由于规模的不同，功能也略有不同。在公园绿地系统中，规模最小的城市街旁绿地最主要的功能是使用功能，即为市民提供日常休闲娱乐活动的户外空间。其次是美化功能，街旁绿地为城市单调的人工环境增添了丰富多彩的景观效果。从生态功能上看，单个的街旁绿地相对于城市整体环境而言虽然作用有限，但对于改善城市局部小环境的作用却不容忽视。

2.1　城市街旁绿地的使用功能

2.1.1　日常使用功能

城市公园绿地是城市居民日常户外活动的主要场所，其中综合公园和专类公园规模相对较大，所容纳的活动量也相对较多。但从另一方面看，综合公园和专类公园的服务半径一般较大，要到达这类绿地需付出的交通和时间成本也较高，因此其使用频率会受到影响。社区公园虽然与居民生活空间接近，但从现实情况来看，由于多数社区，尤其是环境条件较好的

图1-5　城市街旁绿地中的自发性活动和社会性活动

居住小区大都实行封闭式管理，因而“割裂了原有的街道空间肌理，破坏了原有的街道空间的公共生活”[①]，这种模式下产生的社区公园的公共性也大打折扣[②]。而与城市街道和道路密切相连，分布于城市各个角落的街旁绿地，既是人们最容易到达，又是最能体现平等性及开放性要求的户外活动空间。因此，城市中量大面广的街旁绿地最大程度地满足了市民日常游憩的需要。

日常生活中的户外活动包括必要性活动、自发性活动和社会性活动三种类型[③]。在城市街旁绿地中这三种活动都可能发生：人们上班、上学、购物时可能穿越绿地；茶余饭后在街旁绿地散步、小坐、健身、锻炼；由于在街旁绿地中参与共同的活动而产生了打招呼、聊天等社会性活动。由此可见，城市街旁绿地为市民提供了大量的户外活动空间，既丰富了人们日常休闲生活的内容，又充实了人们的精神生活，从而改善了城市生活品质（图1-5）。

2.1.2　特殊情况下的使用功能

作为城市绿地系统的组成部分之一，街旁绿地在特殊情况下所发挥的

---

① 缪朴 “谁的城市？” 图说新城市空间三病 时代建筑[J] 2007，1：8

② 刘家琨 “私园与公园的重叠可能” 广州时代玫瑰园三期公共文化交流空间系统及景观 时代建筑[J] 2007，1：56

③ 杨.盖尔 交往与空间[M] 何人可 译 北京：中国建筑工业出版社 1992 第2-6页

防灾避灾功能也不容忽视。当发生火灾时，散布在城市中的街旁绿地对火灾能起到延缓、隔离的作用，从而降低火灾的破坏程度。同时这些城市中的开敞空间还能在火灾中成为就近疏散人流的理想场所。当发生地震灾害时，街旁绿地可以成为市民紧急疏散和救灾的通道，规模较大的一类街旁绿地可以和其他城市公园一样，成为居民临时居住安置点，满足特殊情况下的使用需求（图1–6）。

图1–6　街旁绿地是城市绿地系统中的避灾点（重庆江津新城避灾系统规划图）

2.2 城市街旁绿地的美化功能

这里所说的“美化”不是一般意义上的“通过点缀、装饰使之美观”，而是指通过合理的规划设计和建设，城市街旁绿地具有提升、丰富、完善城市景观的作用。从广义上来说，城市景观由物质性景观和非物质性景观组成。物质性景观的构成要素包括自然要素和人工要素。自然要素是指城市的地形、地貌、气候、水文、植被等特征。人工要素包括建筑物、道路街道、城市园林绿地等。这些景观要素相互关联，形成城市中的“景观点”、“景观带”和“景观区”、“景观轴”①，共同构成城市的整体景观体系。城市街旁绿地是这一景观体系的有机组成部分，通过整体的规划与富于创意的设计，街旁绿地与其他景观要素协调配合，形成和谐、有序的城市景观，完善提升了城市的物质景观形象，实现街旁绿地的美化功能（图1–7）。非物质性景观是指发生在城市中的各类活动，包括休闲、商业、交通、观光等。在城市街旁绿地中发生的散步、健身、交往等日常休闲活动丰富了城市中的活动内容，因此形成的积极向上的人文景观也提升了城市非物质景观的水平。

2.3 城市街旁绿地的生态功能

如上文所述，一般情况下，城市街旁绿地的规模普遍较小，因此单个的街旁绿地所发挥的生态效益有限。但由于街旁绿地多位于城市中心区或老城区，在建筑密度较大的这些区域，街旁绿地所起到的改善局部生态环境质量的作用则不容忽视。绿色植物是城市街旁绿地的主要构成要素，可以吸收和净化空气中的有害气体，对空气中的烟尘和粉尘也有明显的阻挡、过滤和吸附作用。另外，这些植物还有减低城市噪声污染、改善局部小气候、增加局部环境舒适度的作用。除此之外，城市街旁绿地还与其他城市绿地共同构成一个完整的绿色生态体系，在更大范围内实现城市物质与能量的良性循环和流动，从而实现改善城市环境，提高人民生活水平的目标。

---

① 刘奇志 肖志中 胡跃平 城市景观体系规划探讨 规划研究[J] 2000，5：23–25

景观结构规划图

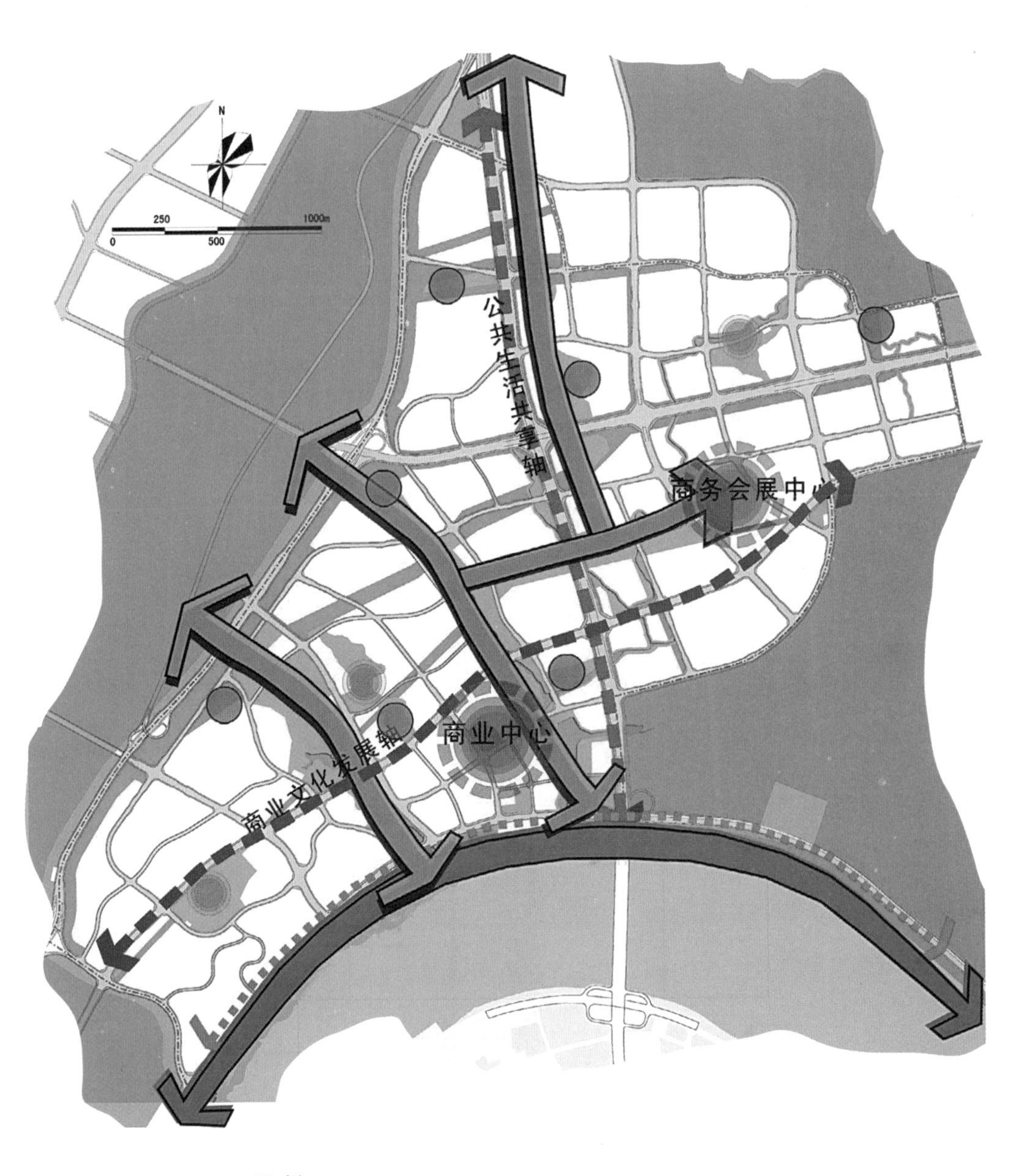

图1-7 街旁绿地是城市景观体系中的点状景观（重庆江津新城景观结构规划图）

在城市的景观体系的建构中街旁绿地是点状景观，它与城市中的“景观带”和“景观区”、“景观轴”共同构成城市的整体景观体系。

3 城市街旁绿地规划设计研究的目的及意义

3.1 我国城市街旁绿地规划设计存在的主要问题

随着对城市街旁绿地重要性认识的加强，近年来全国许多城市加大了对街旁绿地的建设力度。以重庆市为例，在2006年全市新建、改建街旁绿地176个，总面积74.25万平方米，其中政府财政投入4760.5万元，社会投入5107.8万元；2007年新建、改建街旁绿地134个，总面积131.8万平方米，其中政府财政投入6095.9万元，社会投入3100万元[①]。从这些数据可以看出，城市街旁绿地的数量近年有了大幅度的增加，有效地改善了城市的环境，满足了居民日常休闲活动的要求，因此受到了市民的欢迎。

然而，通过对重庆市的街旁绿地实地调查，结合其他城市街旁绿地调研的结果[②]，我们发现目前的街旁绿地建设中还存在着诸多的不足。在规划设计方面，归纳起来主要存在以下几个方面的问题：

3.1.1 缺乏统一规划，系统性不强

城市街旁绿地是城市绿地系统的组成部分之一，然而其重要性尚未得到足够的重视。在城市绿地系统的规划中，无论是按《城市绿地系统规划编制纲要（试行）》（建城[2002]240号）要求，还是从目前各地城市绿地系统规划编制的实际情况来看，与城市综合公园、社区公园等绿地类型相比，城市街旁绿地因为数量多、面积小的原因，规划编制中只是以简单的表格形式对位置和面积进行一般性控制。而对于如何使这些位于城市不同功能区、性质各有不同的单个的街旁绿地形成完整的系统，

---

① 数据来自重庆市园林事业管理局公园管理处

② 段大娟等 保定市街头绿地调研及其对策 河北林果研究[J] 2006，1：第94-97页

以更好地发挥使用、美化及生态功能，满足人们的实际需求未作更深入的研究。从目前街旁绿地普遍存在的位置分布不均、中心区数量不够、风格和内容与周围环境不协调等问题来看，多是由于对城市街旁绿地缺乏统一的规划造成的。

3.1.2　缺乏人性化的设计，使用不方便

缺乏人性化设计是当前街旁绿地设计中存在的一个主要问题。通过调查发现，目前建成的很多街旁绿地都或多或少地存在功能布局混乱、流线设计不合理、配套服务设施缺乏等现象，导致街旁绿地的空间和细节处理上达不到人们的使用要求。造成有的街旁绿地因设计不合理使用率低下，有的使用起来极不方便。这种缺乏人性化的设计是由于设计人员在设计前没有对街旁绿地的使用对象进行充分调查，没有对使用者的行为和需要进行足够的分析，并提出相应的解决措施造成的。城市街旁绿地的主要功能是满足人们使用的需要，因此必须将“以人为本”的设计原则贯穿到设计的整个过程中。

3.1.3　缺乏个性化设计，风格不突出

在满足市民使用需求的同时，从另一方面来说，作为城市景观节点的街旁绿地又是一个体现城市的文化面貌和艺术品位，展现时代精神的重要窗口。但就城市街旁绿地的建设现状来看，能够很好地把握街旁绿地在城市景观体系中的定位，并根据街旁绿地所处位置、周围环境及场地自身的特征等因素，因地制宜地确定设计主题和风格，形成从整体到细节都具有突出个性的设计精品还不多见。

3.1.4　缺乏以植物景观为主的设计思想，绿化指标普遍偏低

根据《城市绿地分类标准》CJJ/T85-2002及《公园设计规范》CJJ 48—92等相关法规的要求，城市街旁绿地的绿化占地面积应达到总面积的65%以上。这一规定要求在设计中将植物元素作为建构空间和营造景观的主要因素，然而现实情况不尽人意。街旁绿地的植物配植往往不被重视，绿化数量不足、植物搭配随意是目前街旁绿地建设中较常见的问题。

3.2 城市街旁绿地规划设计研究的目的及意义

城市街旁绿地是城市公园绿地系统的一部分，在规划设计中应遵循公园绿地的一般性原则。同时，由于街旁绿地位置、规模、服务对象等方面的特殊性，在规划设计中又具有不同于城市其他类型的公园绿地的特点。本书旨在通过分析目前街旁绿地在规划设计方面存在的主要问题，对城市街旁绿地的共同特征进行系统性的总结，据此提出在街旁绿地的规划设计中应遵循的一般通用原则，同时探讨有效的设计方法和程序，并通过使用后评价和经典设计分析总结城市街旁绿地的设计要点。

单个的城市街旁绿地规模大多较小，投资一般也不大，所以就以往的情况来看，对街旁绿地规划设计的重视程度往往不够，这也直接导致了建设中这样或那样的问题。然而从另外一个角度来说，分布于城市中各个角落，与城市街道道路紧密联系的街旁绿地，是城市休闲空间和城市景观体系的重要组成部分。街旁绿地规划设计水平的高低将直接影响到市民的休闲生活水平和城市的景观质量。所以，系统化地研究城市街旁绿地的规划设计，编写指导性、可操作性较强的城市街旁绿地规划设计指南，具有极强的现实意义。

小结

城市街旁绿地是临近城市道路街道，同时与居住区或城市公共区域联系紧密，以游憩和美化城市景观功能为主的中小型公共开放绿地。它具有“开放性”、“休闲性”、“密接性”、“袖珍性”、“复合性”和“软质性”等特征，以及使用、美化和生态方面的功能。由于街旁绿地在城市中的分布量大面广、使用频率最高，因此对城市街旁绿地的规划设计进行研究具有极强的现实意义。

第二章
城市街旁绿地规划及设计程序

1 城市街旁绿地规划

城市街旁绿地规划是指在城市景观体系及城市绿地系统的层面确定街旁绿地的位置、规模、绿地指标、分级定位等问题。但从现有的绿地系统规划体系来看，街旁绿地规划往往不受重视，这在一定程度上造成了街旁绿地设计随意，绿地与城市开放空间及景观体系关联不强等问题。因此，在探讨城市街旁绿地的设计之前，有必要首先解决城市街旁绿地规划的问题。

1.1 城市街旁绿地在城市公园体系中的地位

公园绿地是城市绿地系统的主要组成部分，在满足市民休闲活动、改善城市环境质量和提升城市景观方面起着重要的作用。城市公园绿地由一系列不同类型的公园绿地组成，街旁绿地是其中规模最小的一类绿地。从形态关系来看，街旁绿地是城市公园“点”、“线”、“面”体系中的点状绿地。就单个街旁绿地而言，其规模虽然都较小，但在城市中数量多、分布广，是公园绿地体系中不可缺少的组成部分。从城市居民行为模式与绿地结构的关系来看（图2-1），街旁绿地位于城市公园绿地体系的第一层次，是城市居民日常休闲接触最多、使

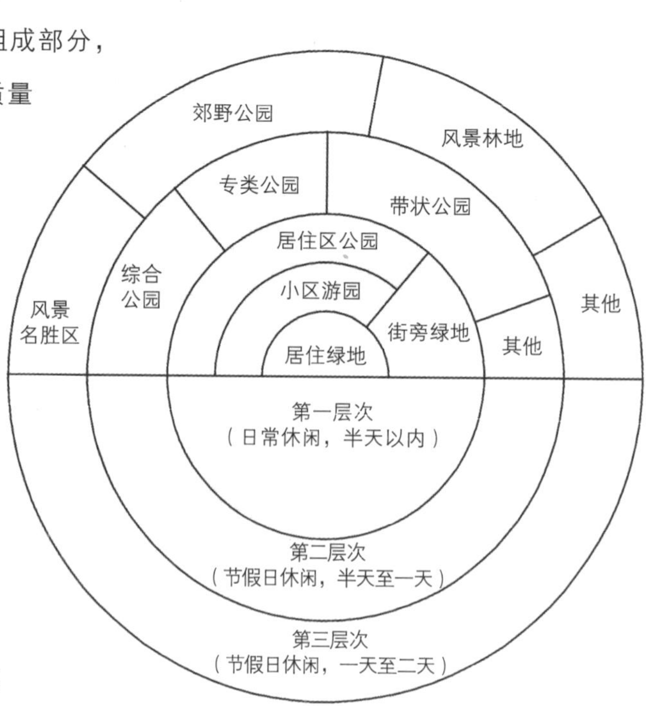

图2-1 城市居民行为模式与绿地结构关系

用最方便、使用频率最高的一类绿地[①]；从建设状况来看，街旁绿地具有投资少、见效快等特点，在切实改善城市居民的休闲生活水平和提升城市环境质量方面能产生立竿见影的效果。

1.2　城市街旁绿地规划要点

作为城市公园绿地的重要组成部分，街旁绿地在规划中却未受到足够的重视。在《城市绿地系统规划编制纲要》中明确规定，城市绿地系统规划中必须包含各类绿地规划的内容，即应包括城市公园绿地体系的专项规划内容。但在实际工作中，公园绿地规划往往只针对规模较大的综合公园、社区公园、专类公园和带状公园等，对规模小、数量多的街旁绿地则往往一笔带过，因而弱化了街旁绿地设计阶段的控制，导致了街旁绿地布局与城市绿地系统脱节，出现了功能、景观、文化内涵等方面定位不清的问题，造成了设计上的盲目性和随意性。因此，在城市绿地系统的规划层面首先明确街旁绿地的位置分布、规模指标、分级定位等等非常重要。

1.2.1　城市街旁绿地位置选择

城市街旁绿地位置选择应遵循以下原则：

（a）均衡分布，形成网络

从目前的建设现状来看，街旁绿地的选址不外乎两种基本情况，即位于新城区或老城区。针对这两种不同的情况，在规划阶段位置的选择上应有所不同。在新城区街旁绿地的规划中，其位置的确定应与其他公园绿地、道路绿地等结合，以合理的服务半径均衡分布，形成开放的绿地网络，更好地发挥街头绿地的综合功能。在旧城改造的规划中，其位置和形式应与城市原有空间脉络产生密切的联系。一般情况下，应考虑多在临近居民生活区或商业服务区等人群集中和流动的场所设置街旁绿地[②]，以有效提高街旁绿地的使用频率，同时也可更好地起到缓解旧城城市空间拥挤的

① 宁艳 胡汉林 城市居民行为模式与城市绿地结构 中国园林 2006年第10期　第51–53页
② 刘滨谊 鲍鲁泉 裘江 城市街头绿地的新发展及规划设计对策——以安庆市纱帽公园规划设计为例 规划师[J] 2001，1：76–79

图2-2　旧城区街旁绿地建成前后的对比

作用，有利于改善旧城区的环境及景观效果（图2-2）。

（b）结合城市功能分区，充分考虑可达性

均衡分布原则并不是要求街旁绿地以绝对相同的服务半径分布于城市中，而是要求结合城市的功能分区和绿地使用情况核算规模，综合考虑各种因素后确定位置，以最大限度地满足市民休闲活动需要。另外，在街旁绿地的位置选择上，还应充分考虑可达性要求。所谓可达性包括视线可达性和行为可达性。街旁绿地应避免建在视线盲区，否则不但不便于使用，还可能形成安全隐患。行为可达性则应主要考虑使用者的步行到达情况，在位置确定上应注意与步行通道的便捷连接，否则将导致街旁绿地使用率低下（图2-3）。

图2-3　街旁绿地的可达性与其使用效果密切相关

法国巴黎Daumesnil林荫道，由废弃的高架铁轨改建而成，在Hector Malot路的交汇处有一处面积约1700m²的街旁绿地。但由于该绿地的标高在Hector Malot路路面及架空林荫道之间，电梯无法到达，同时绿地被茂密的树林围合，视线可达性也很差，导致使用率非常低。

图2-4　当使用者较多时，高绿地率不利于活动的有效开展

1.2.2　城市街旁绿地规模及绿地指标

目前城市街旁绿地的建设规模呈现出不断扩大的趋势，有的甚至达到2、3hm^2。从综合考虑城市土地使用效益和合理调配城市绿地系统功能的角度来看，规模面积小，分布范围广，服务人群多是街旁绿地有别于其他公园绿地的重要特征。因此，街旁绿地应是城市公园绿地系统中规模最小的一类绿地。根据有关研究和以往的建设经验，街旁绿地的用地规模宜控制在几百平方米到一两公顷之间。

此外，市民使用街旁绿地的方式也在发生着变化。以往的街旁绿地大多以游憩及小坐为主，而现在锻炼、健身、儿童游戏等越来越成为街旁绿地中的主要活动。随着活动方式的变化，街旁绿地的空间布局以及与之相关的绿地指标也应重新考虑。2002年颁布的《城市绿地分类标准》中明确规定街旁绿地的绿地率应达到65%。然而在调查研究中发现，机械地执行这一标准在某些情况下不利于市民休闲活动的开展（图2-4）。因此在街旁绿地的规划中，建议使用绿地率和绿化覆盖率的双重标准。即一般情况下，街旁绿地的绿地率应达到65%；在使用者较多的情况下，满足绿化覆盖率达到65%的要求即可。

1.2.3　城市街旁绿地规划对设计的控制

城市街旁绿地规划的目的，一方面是为了形成层次清晰的等级体系，同时与其他绿地共同形成城市中开放的绿色空间网络。另一方面是为了加强对后续阶段设计任务的控制，避免设计的盲目性和随意性。因此，在城市街旁绿地的规划中，除了解决位置和指标等问题以外，还应该对下一层次设计的基本方向进行定位，包括功能定位、景观定位、文化定位等。街旁绿地的基本功能是满足市民日常的休闲活动需要，随着休闲时间的增加和休闲方式的变化，这些日常的休闲活动的内容也越来越丰富。在街旁绿地规划中，应根据街旁绿地所在地区的城市功能以及周围其他绿地的配置情况进行综合考虑，明确街旁绿地的主要活动内容与方式，进行功能定位。同时，还应考虑街旁绿地所在的具体位置与城市景观体系之间的

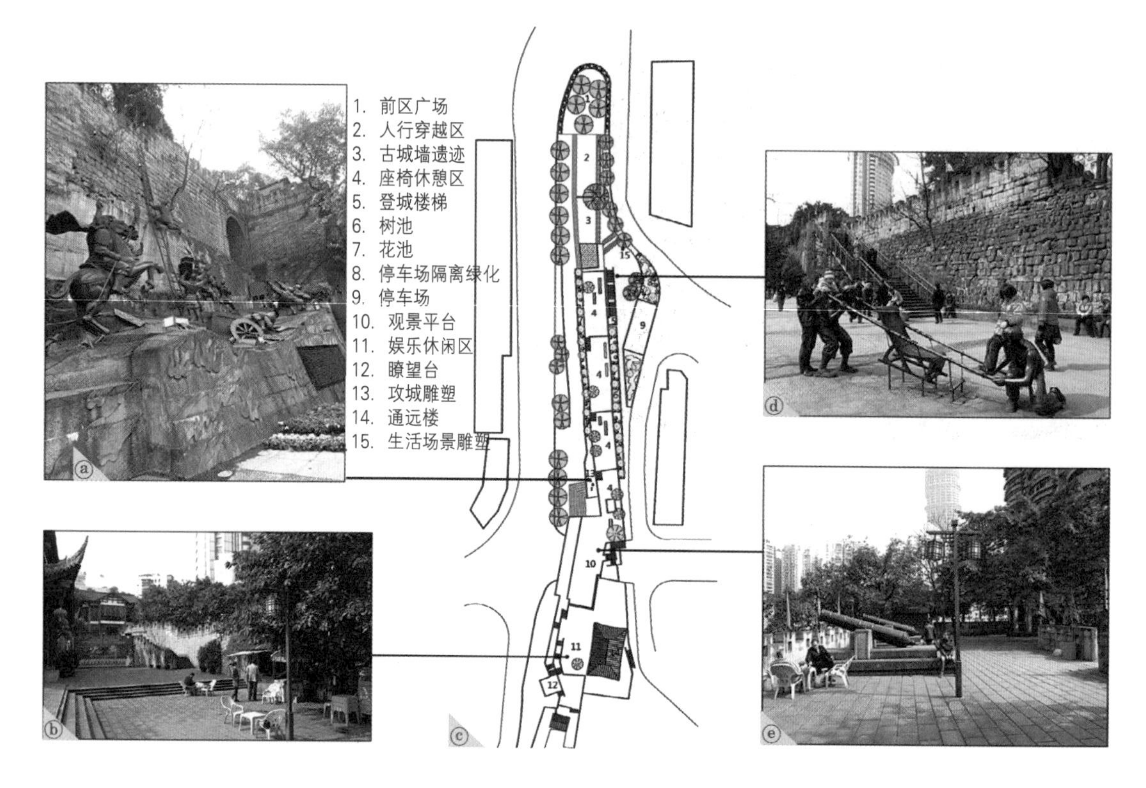

图2-5　位于特殊地段的街旁绿地设计应体现特定文化内涵

重庆通远门城墙公园是位于历史地段的街旁绿地。通远门有重庆迄今为止保存最完好的城门和城墙，距今已有600多年的历史。通远门城墙公园在设计中除了满足一般城市街旁绿地的休闲、通行等功能以外，在设计中特别注意了历史信息的传达，通过城墙外的攻城群雕和城墙内市井生活的雕塑，再现历史场景、展示城市的历史文脉。

关系，按其重要程度进行分级，根据不同的级别确定其景观定位，指导方案设计。除此之外，对于具有特殊文化内涵的街旁绿地，应明确其文化定位，以便在进行具体方案设计时加以体现（图2-5）。

2 城市街旁绿地设计程序

公园绿地设计是景观设计的主要内容，而景观设计从一开始就强调对设计程序的研究。早在19世纪的英国，规划师、教育家盖德斯（Patrick Geddes）就提出了景观设计的"调查—分析—设计"模式（Survey-Analysis-

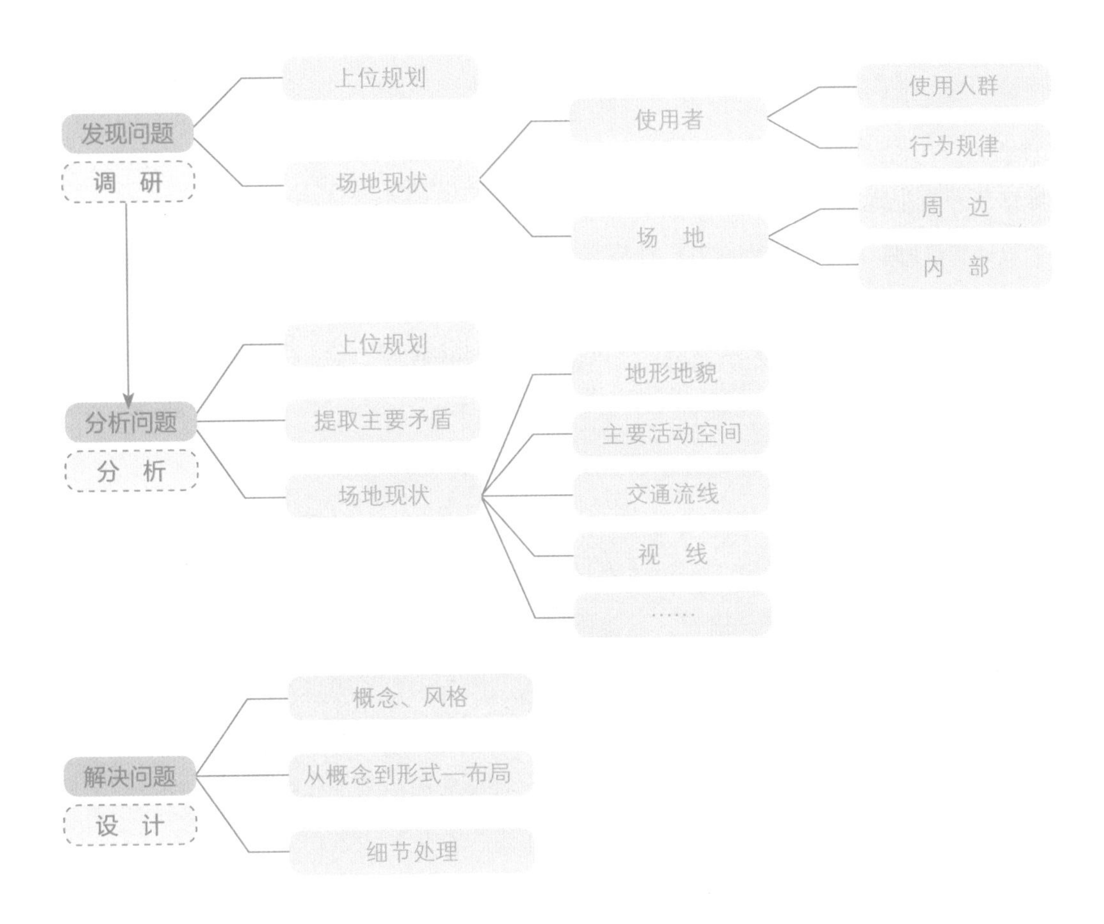

图2-6　在“调查—分析—设计”的模式中发现问题、分析问题、解决问题

Design)，即SAD Model①。在此之后一个多世纪的时间，该模式对景观设计过程产生了深刻的影响，其后众多的景观设计师沿着这一基本思路探索景观设计程序。其中诸如佐佐木英夫(Hideo Sasaki)提出的RAS模式、劳伦斯·哈普林提出的RSVP循环、麦克哈格提出的千层饼分析模式等，都是基于“调查—分析—设计”模式的延续②。“调查—分析—设计”模式的特征是在景观设计中强调对场地现状及使用者的行为等进行充分的调查、分析，经过一系列的理性判断引导思维走向预定的目标，以此完成设计过程。在街旁绿地的设计中，基本也是遵循SAD模式，即在设计过程中发现问题、分析问题，最后以设计师自己独有的方式来解决问题(图2-6)。

① 褚冬竹 开始设计[M] 北京 机械工业出版社 2007 P37
② Edited by Simon Swaffield Theory in landscape architecture[M] Philadelphia University of Philadelphia Press 2002 P33

2.1 发现问题

一个不成功的设计有多种的原因，而没有准确地界定和发现问题往往是这些因素中最主要的一种，所以界定和发现问题是一个成功的街旁绿地设计的基础。所谓“发现问题”就是指“调查—分析—设计”模式中的“调查”所要完成的内容。同其他景观设计一样，街旁绿地的调查来自两个方面：一是来自上一层次的规划，二是来自现场的踏勘。

2.1.1 来自规划层面的要求

对景观设计师来说，在设计之前了解上位规划的相关要求是一项必不可少的步骤。而在现实情况中，这一步骤常常被忽略，往往导致在完成包括细节设计在内的所有工作后才发现方向性错误，造成整个方案的颠覆。为了避免这一情况的出现，在城市街旁绿地设计之初，就应了解上位规划和相关法定规划以及城市绿地系统规划等专项规划中涉及的内容，对街旁绿地的选址意见、指标规模以及主要功能和景观要求等有所掌握。不仅如此，设计师还应扩大研究范围，对用地周边情况也有所了解，做到心中有数，明确街旁绿地的功能、景观、文化等的定位情况及设计方向。通过对上层次规划的解读可以界定关于设计的一些基本问题，如：该街旁绿地规模多大？绿地指标应至少达到哪个标准？在城市的景观体系中的位置怎样？基本的功能定位是什么？在历史文化信息的表达上有什么特殊的要求等等，这些问题的界定将有助于把握设计的基本方向（图2–7）。

2.1.2 来自现场踏勘的信息

来自现场踏勘的信息是街旁绿地设计最可靠的第一手资料。现场踏勘调查的对象有两大类，即：场地和使用人群。场地的踏勘应收集场地内与场地关系密切相连的周边环境的自然和人为因素信息；对使用人群的调查则包括使用者自身的情况和对场地使用的要求等。

（a）场地

虽然SAD模式强调理性思维，但设计是理性思维和感性思维共同作用的结果，感性思维不仅存在于从场地分析到设计概念形成的“跳跃性”过程中，而且在场地踏勘调查和分析中同样重要。场地踏勘的信息收集主要

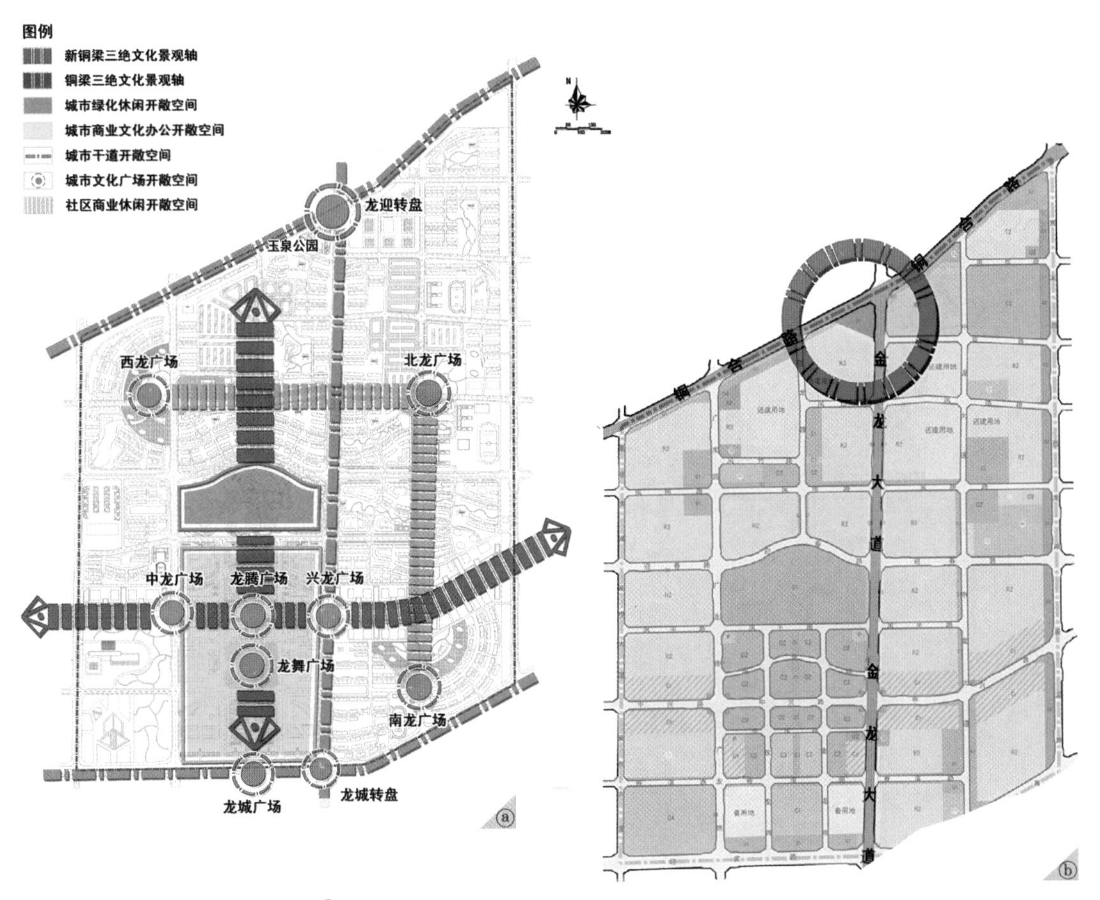

图2-7 规划层面对玉泉公园①的要求

重庆铜梁玉泉公园位于铜梁最重要的对外交通道路铜合路和新城景观大道金龙路的交汇处，面积1hm²。对上位规划的解读来自《铜梁县新城中心区城市设计及控制性详细规划》，在其中确立了延续“龙文化”的城市文化主题和构建富有特色的城市开放空间结构的原则。该规划提出了“一心两轴一带，一片三线十点”的城市开放空间结构构想。“十点”即是中心区十个重要的开放空间节点，玉泉公园即是这十个重要的开放空间节点之一，是铜梁重要的景观形象窗口。

① 玉泉公园是笔者主持设计的城市街旁绿地，该场地位于铜梁县新城中心区北端，是铜梁县新城区十个重要的开放空间节点之一。通过对场地和上位规划的认真解读，设计将其定位为展示铜梁城市形象、体现铜梁文化、满足市民日常休闲活动的重要城市开放绿地。在设计中运用隐喻、轴线转折、双重尺度等手法，巧妙地处理了展示铜梁传统龙文化、打造新城入口标志景观、满足市民休闲活动、维护自然生态环境等方面的关系。玉泉公园获2009年度重庆市优秀城乡规划设计二等奖，并入选《重庆建筑2006-2010》（重庆大学出版社 2010）一书。自2009年1月18日开园以来，受到市民的好评。本章中笔者将以玉泉公园的设计为例阐释街旁绿地的设计程序。

依赖于理性的思维过程，但在这一阶段对场地感性的认知也不能被忽略（在以往设计过程的介绍中，这一点往往不被提及）。因此，来自场地的信息应该包括设计者对场地总体特征的识别和对场地要素特征信息的收集。

不同设计者由于自身修养、审美观和生活经历的不同，对同样场地的总体特征的把握，或者说对场地的第一印象，往往会有所不同。而这些不同的第一印象是形成设计概念的重要源泉，因此在街旁绿地的场地踏勘中应重视对场地总体特征的感性认知，并有意识地将其记录下来。场地总体特征的概括通常以简练的句子、一些合适的形容词来描述，如："热闹"、"浓烈"、"幽静"、"有斑驳的树影"、"浓密的树丛"等等。

来自场地要素的信息与场地的规模、位置、性质等密切相关。与其他城市公园绿地相比，街旁绿地是其中规模最小的一类用地，因此场地要素特征信息收集的内容也相对简单，主要包括：

自然因素——地形地貌、土壤、植被、排水、日照及微气候等。

人为因素——场地内：现有空间结构、视线关系、现有构筑物、现有工程管线等情况；场地外：人流、车流等交通情况，周围建筑的功能、造型、风格等，邻近土地的开发使用情况，周围视线的影响因素等。

现场踏勘的工作完成后，要将收集到的信息进行整理、综合，并以抽象的图例、简短的文字和照片相结合的图示的方式，形成场地信息记录图，为后面的设计做准备（图2-8）。

（b）使用人群

街旁绿地的主要功能是满足市民日常休闲活动的使用要求。因此，对使用人群的调查是街旁绿地不可缺少的内容。这些调查包括：

使用者自身的情况——职业、年龄、兴趣爱好、休闲时间、休闲方式等；

对场地使用的要求——到达场地的方式、使用的时间、可能展开的活动等。

对使用人群的调查结果可以用文字、图表等方式完成，其结果力求简明清晰，以便于从中提取对设计有价值的信息。

在街旁绿地设计的现场踏勘阶段，可以界定的问题包括：场地高差如何与功能空间、交通流线等相结合？如何处理场地内现有植被？如何利用

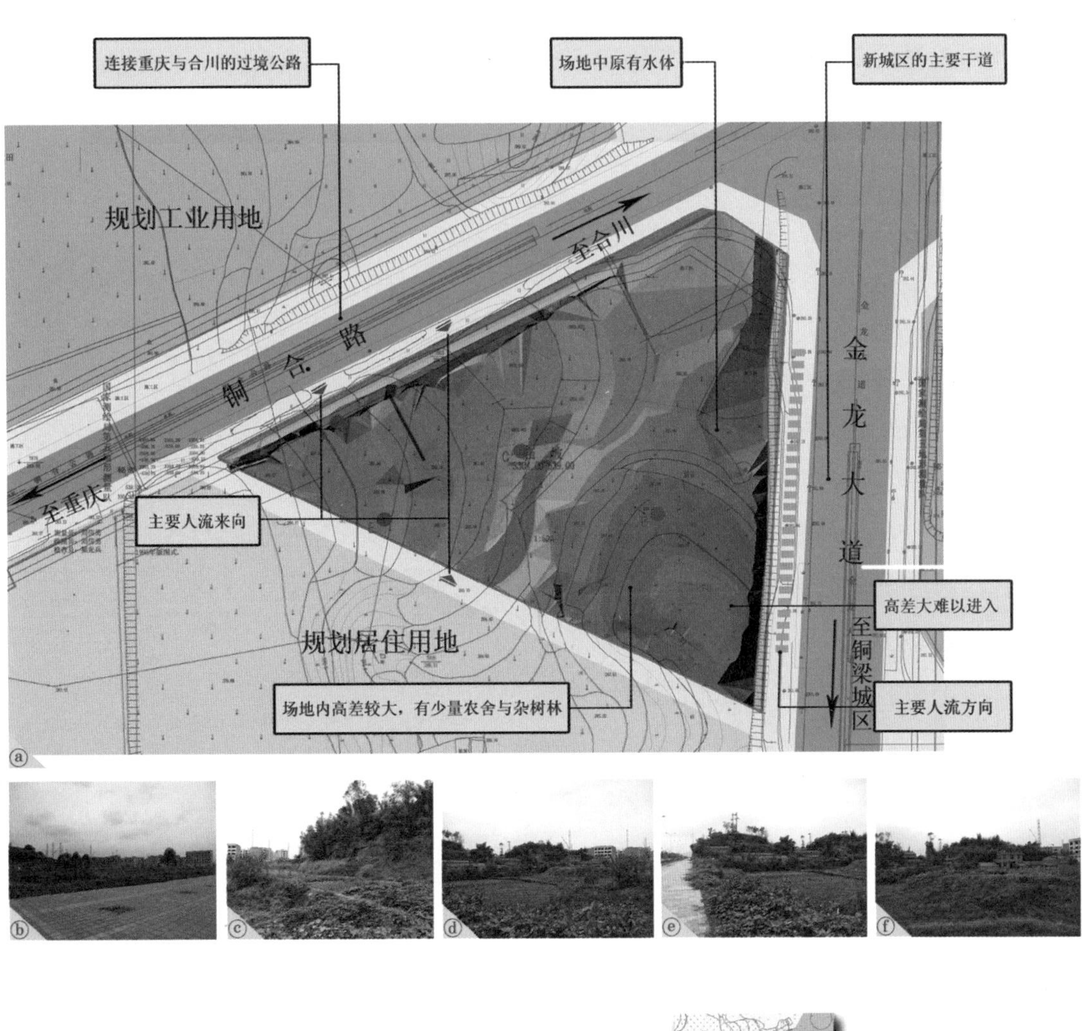

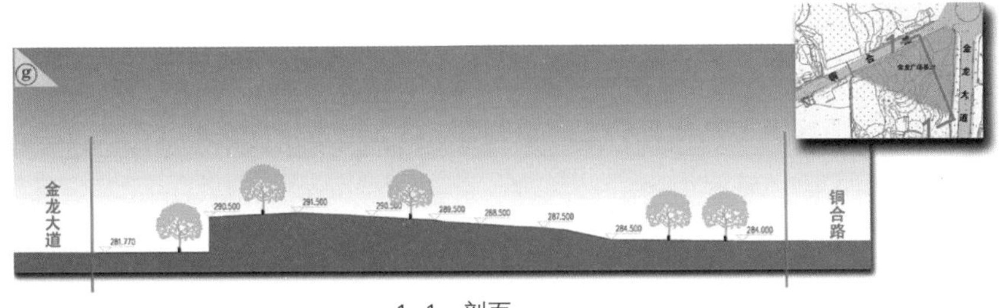

1-1　剖面

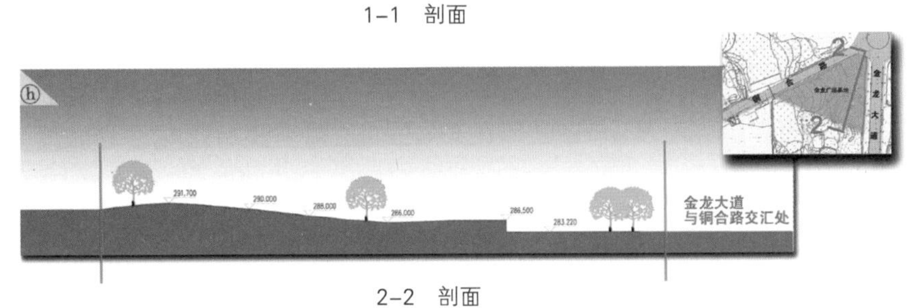

2-2　剖面

现状内部分析：

场地内部存在较大的高差，最低处标高为281.70，最高处标高为291.84，场地东南角有较完整的山体。由于高差的关系，金龙大道一侧进入性较差，铜合路方面进入性则较好。

图2-8　玉泉公园的场地信息记录图

日照和避免暴晒？微气候对设计有何影响？主要使用人群是那些？他们的要求是什么？如何满足这些不同的要求？……这些问题可促使设计人员开始思考与设计相关的具体事宜，推动设计进行。

2.2 分析问题

从发现问题到分析问题并不是一个纯粹的线型过程，在发现和界定问题的过程中，其实分析问题的阶段就已经介入。场地分析是对已收集到的来自规划层面的和现场的信息，进行整理、分类、综合、排序，以发现这些信息之间的相互关系，提取对设计影响最大的重要信息（主要问题），分析解决这些问题的可能性和方式。场地分析的成功与否取决于设计者对所获信息与设计目标之间关系的理解，对设计目标的理解是在信息收集和分析的过程中逐渐明晰的，因此从分析问题到提出解决方案是一个不断循环推进的过程[①]（图2-9）。

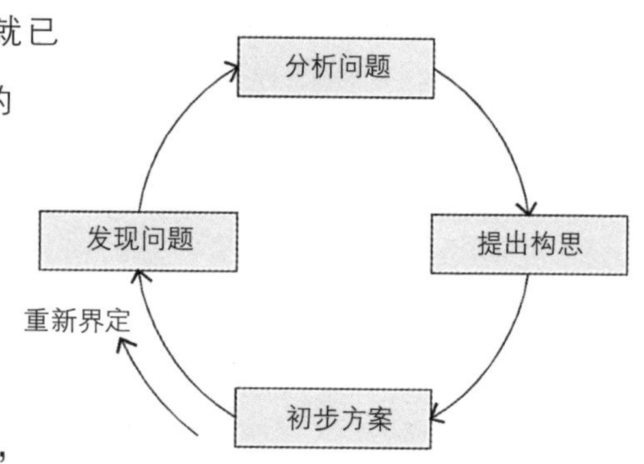

图2-9 设计的循环推进过程

在街旁绿地设计的场地分析中应注意以下的问题：

2.2.1 功能定位

街旁绿地的主要功能是满足市民日常活动的使用需求，其次是美化城市及维护城市生态环境等功能。但是由于其所处位置、规模等的不同，在具体的设计中功能的偏重会有所不同。功能定位问题是场地分析中应该考虑的最基本的问题之一。

街旁绿地的功能定位依赖于对上位规划的解读以及对场地的位置和周边地块的使用情况分析。当街旁绿地处于城市中心区，在城市景观体系的营造中起着重要作用，对城市面貌影响较大时，应在满足基本的功能需求同时，利用适当的构景要素，着力营造景观效果。如果街旁绿地处于老城区的历史地段，在功能定位上则应偏重于历史文化信息的传递，并满足周

① 褚冬竹 开始设计[M] 北京 机械工业出版社 2007 P27

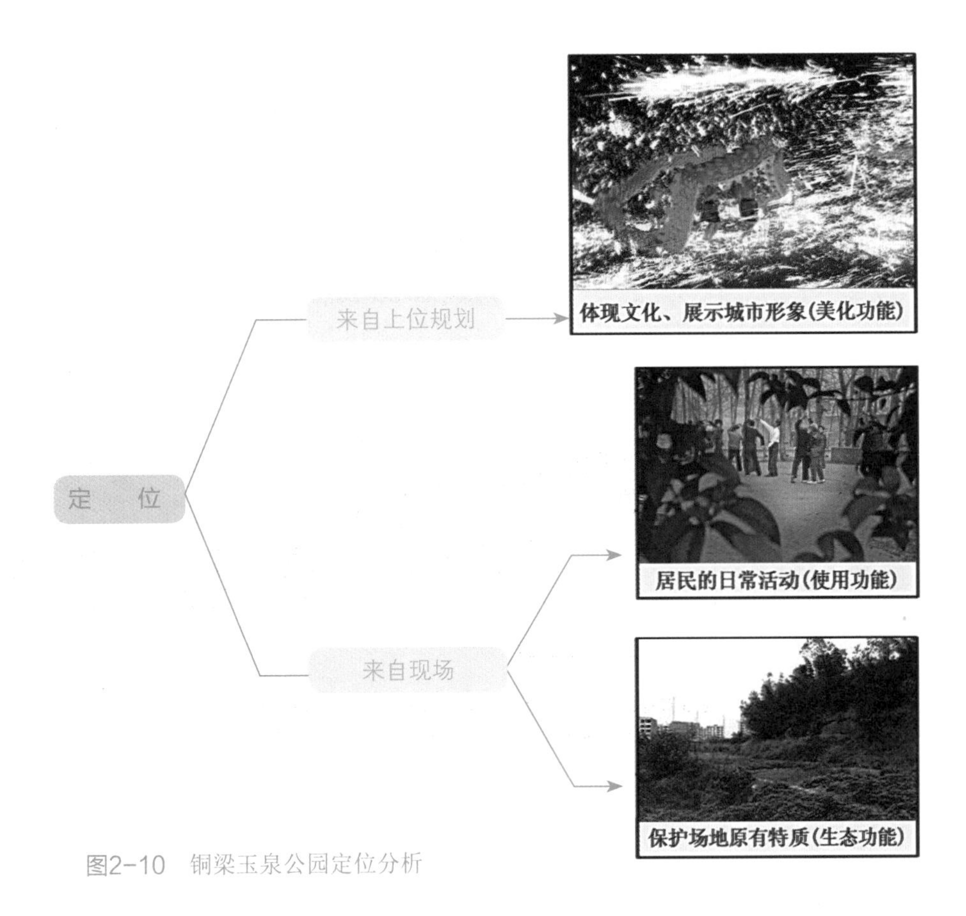

图2-10　铜梁玉泉公园定位分析

围居民的日常户外活动的需求（图2-10）……总之，街旁绿地的功能定位取决于规划要求和具体位置等因素。以重庆市渝中区高九路街旁绿地的定位为例，该用地位于陡峭悬崖顶部，有极好的设计条件，近可俯瞰沟谷郁郁葱葱的植被和溪涧流水，远可眺望嘉陵江及对岸的城市全景，因此在设计中对该街旁绿地的定位是“城市阳台”，即在满足周围居民日常的一般休闲活动外，还要特别注意观景平台的设计（图2-11）。

2.2.2　提取主要矛盾

定位分析工作完成以后，接着就应将与这一定位关系最密切的信息提取出来进行分析，即对所收集的所有信息进行分类和排序，抓住其中最主要的问题，分析这些问题与解决方案设计之间的关系。

设计绝不是仅仅依靠设计师个人的凭空创造，而是通过对获得的资料的客观分析，抓住主要问题并提出解决方案。设计过程实际就是平衡各种关系以解决矛盾的过程。在设计中我们会发现，问题的解决往往是相互关

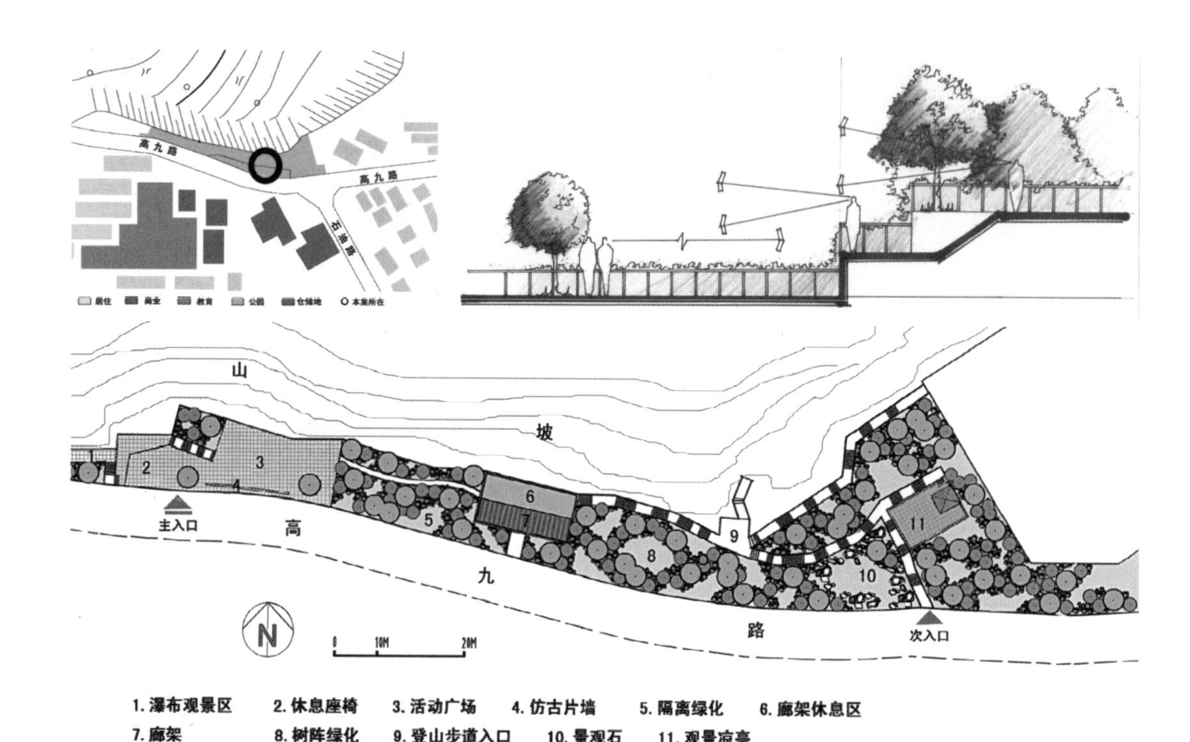

图2-11 重庆高九路街旁绿地定位分析

联的，一个问题的解决有时会带来新的矛盾，如果不能在一大堆场地信息中找出关键性的问题，就有可能迷失在一堆信息中，纠缠在不断出现的矛盾中找不到方向，或者被一些细枝末节的问题带入误区。因此，在分析中首先应找出产生主要矛盾的关键环节，适当的放弃某些无关紧要的次要问题，避免因追求面面俱到而谨毛失貌。分析的重点必须是以基本的功能定位为依据，根据场地的具体情况，找出要解决的主要问题，继而在下一步设计中优先解决（图2-12）。

2.2.3 常规场地分析

针对不同的街旁绿地有不同的分析方法，但由于街旁绿地的一些共性特征，下列常规场地分析是设计之初必须完成的：

（a）活动分析

街旁绿地的基本功能是满足人们的活动需求。因此，必须对使用者的活动方式进行分析，这些分析包括：

主要使用人群是那些？他们怎样到达场地？他们喜欢在哪个时间段使

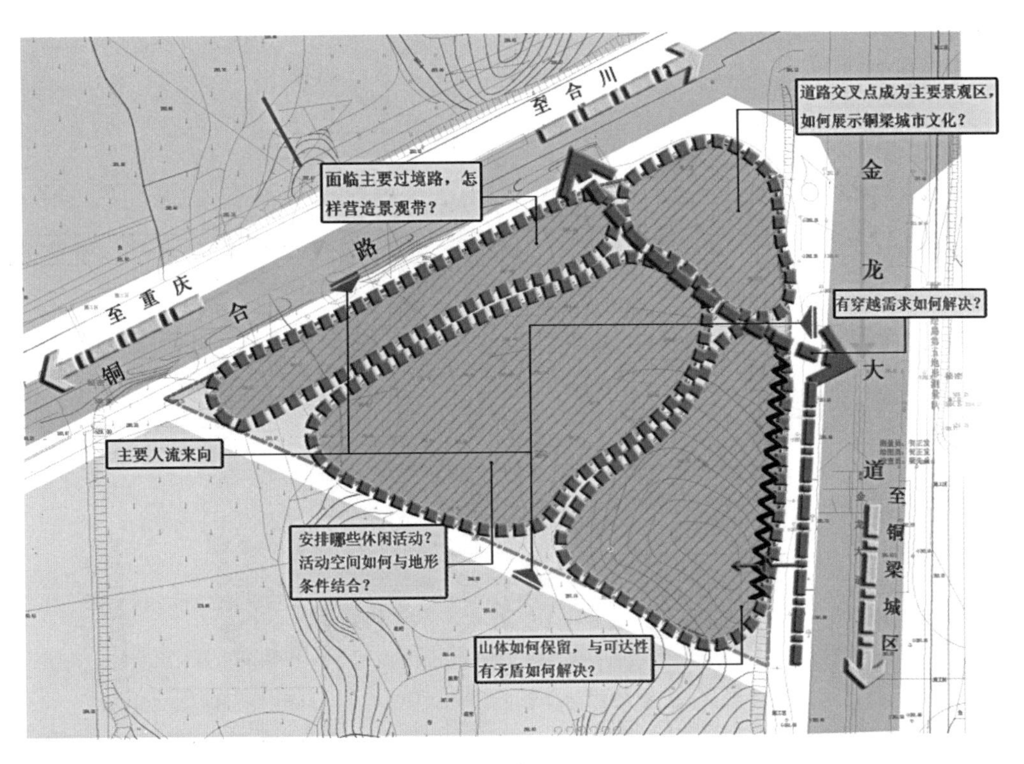

图2-12　铜梁玉泉公园场地分析中提取主要矛盾

用场地？他们的年龄构成是怎样的？他们在场地中发生的主要活动有哪些？他们还有哪些普遍和特殊的要求？……分析的时候可以将这些问题一一列出，还可通过列表、框图等形式对这些问题进行归纳和排序。随后将这些活动与场地的位置、规模、形态、地形等具体情况联系起来，分析哪些活动是可能发生的，哪些活动要求是无法满足的，有没有替代方式，潜在的活动还有那些等等。通过活动分析明确该街旁绿地的主要服务对象、他们使用场地的时间、场地应提供的主要活动项目等内容。

（b）空间分析

场地中发生的所有活动都需要适当的空间来承载。空间分析即是在活动分析的基础上，根据用地的具体情况，分析与这些活动相对应的空间，包括空间的规模、位置、形式、性质以及空间之间的组织关系等。一般情况下，当街旁绿地面积较大时，它所承载的活动内容也多，这时应通过功能关系泡泡图的形式分析各种活动之间的关系（图2-13），然后将这一功能放置于场地中，确定与之相适应的空间的位置、尺度、性质，并进一步

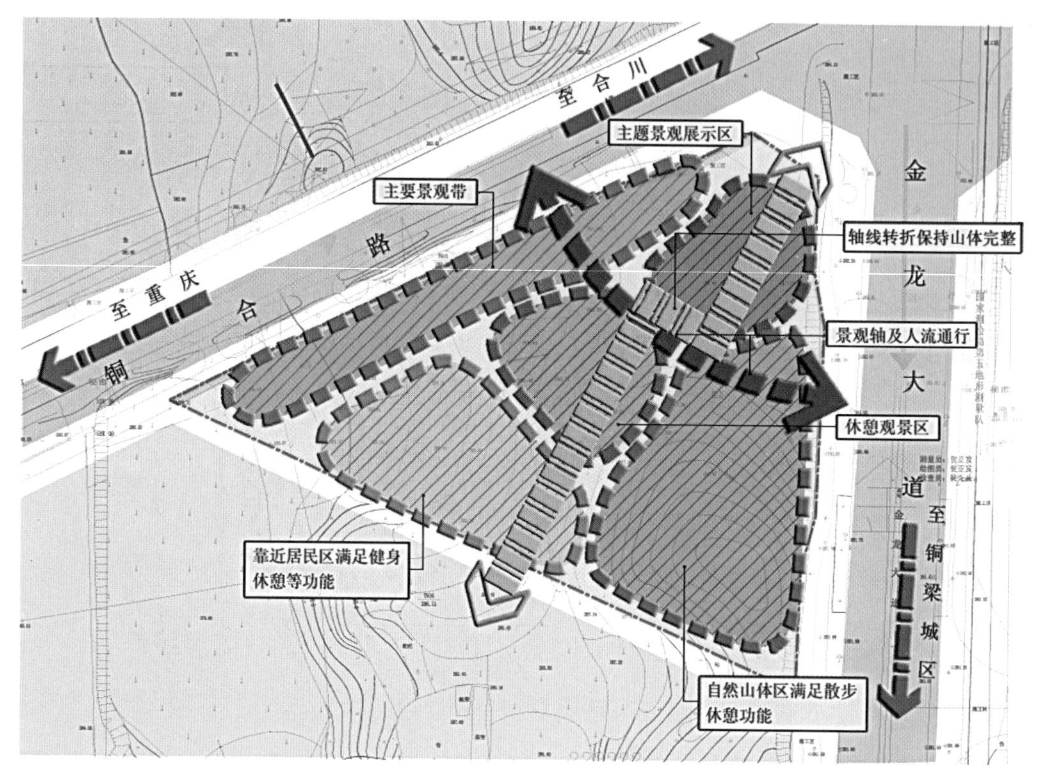

图2-13 铜梁玉泉公园功能关系分析图

根据前期的定位，确定铜梁玉泉公园要满足的功能为展示文化、形成城市景观节点、承载市民散步、健身、游憩等日常活动。功能关系分析即是通过图示的方式，研究这些功能之间的关系。

考虑建构空间的方式、材料等等。同时根据功能之间联系的紧密程度，分析空间之间联系或分隔的方式、尺度和材料等。当街旁绿地面积较小时，应通过对场地中的活动进行比较，筛选出与场地状况最适应的1-2种活动。同时应重点分析如何在场地中创造具有复合功能的空间，即在不同的时间段，以同样的空间满足不同的使用需求。

（c）交通分析

由于街旁绿地的位置与街道和道路有密切的关系，街道和道路的交通情况对街旁绿地的设计必然会产生一定的影响。同时，街旁绿地要便于市民使用也必须考虑使用者的到达和通行方式。因此，交通分析是街旁绿地现状分析阶段的重要内容。交通分析包括车行交通分析和人行交通分析。车行交通分析是在了解与场地相邻的道路的车行流线方向、行车速度及车流量等情况的基础上，分析车行可能与人行之间的交叉干扰情况、行车对

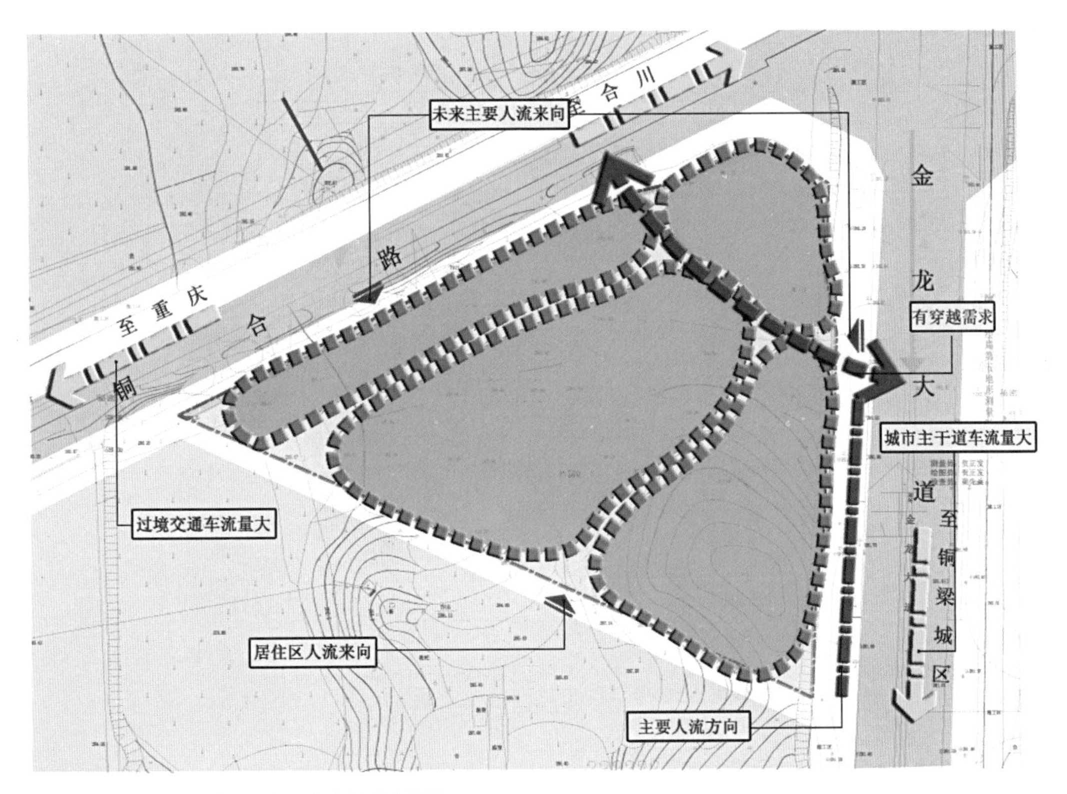

图2-14　铜梁玉泉公园场地流线分析图

通过流线分析了解主要人流来向，确定公园的主次入口位置，同时分析人流在场地中通行和穿越的流向，安排主、次步道。

使用者安全的影响，以及车行道上的噪声、灰尘等对街旁绿地使用的影响等。人行交通分析包括主要人流的来向与街旁绿地开口的位置，可能穿越场地的人行方向、人流量、穿越目的和方式，与场地相邻的道路街道上的人流的通行及休息的需求，以及这些需求对场地边缘空间设计的影响等（图2-14）。

（d）视线分析

街旁绿地的视线分析包括“看”与“被看”两方面的内容。“看”的视线分析是研究场地内主要停留、休息、观赏等空间中人们所看到的场景，分析设计中的应对策略。场地内“看”的视线与景观的营造、人行流线的引导和具体的功能处理等密切相关。如在空间的转折、道路的交汇处设置对景以提示流线的方向，在布置儿童活动的空间时应注意与成人休息的空间有视线上的沟通等。“看”的视线还可抵达场地外，因此对场地外

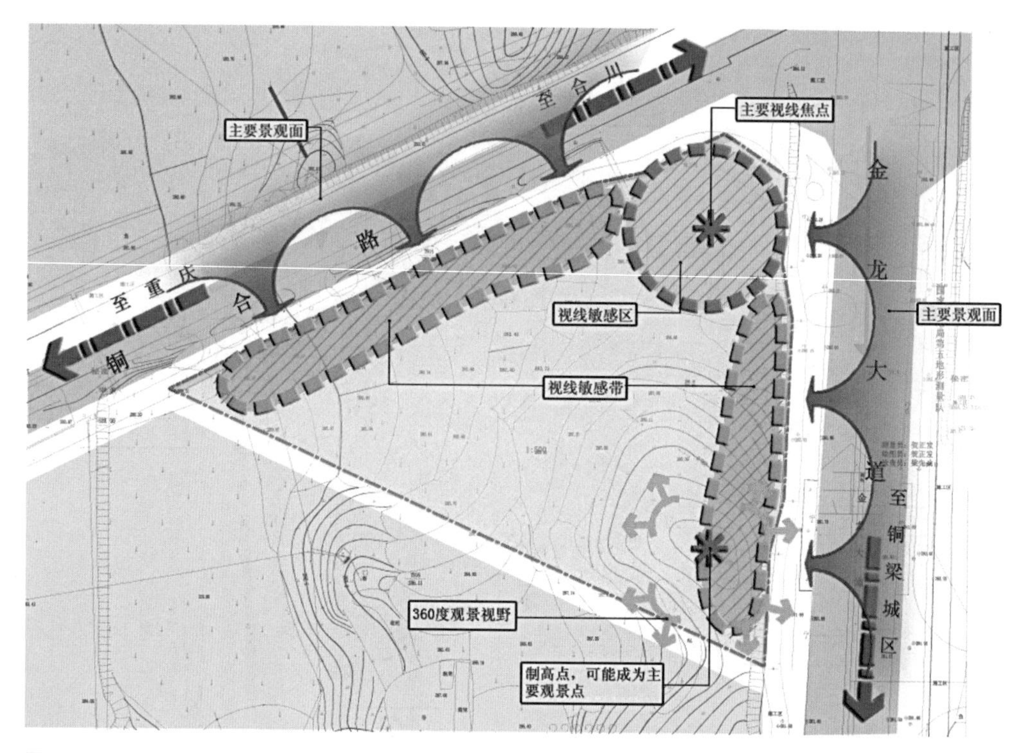

图2-15　铜梁玉泉公园场地视线分析图

通过视线分析确定视线焦点的位置，留出引导游人行进的视线通廊，屏蔽不良景观。

的良好景观应通过视线引导加以借用，对不好的景观则应以适当的方式加以遮挡。"被看"的视线分析是将街旁绿地作为观察的对象，分析来自场地周围街道和道路、建筑和其他场地的视线，以及这些视线的利弊和对街旁绿地设计的影响。这一分析往往和街旁绿地主题的营造、主要景观的构建、可达性以及空间私密程度等因素相关。例如在营造街旁绿地主题景观的时候，一定要考虑其位置与视线的焦点的关系；而在可达性的研究中，则应注意主要人流来向的视线引导等问题（图2-15）。

2.3　解决问题

街旁绿地设计的最终目的是在发现问题和分析问题的基础上，用技术和艺术相结合的方式，以具体的空间形式来解决问题。解决问题的重点包括提出概念、确定风格，以恰当的景观元素构成适合的空间以满足人们的各种需求，以及人性化的细部处理等方面。

2.3.1　提出概念

景观设计过程不是一个从“调查”到“分析”再到“设计”的自然而然的过程，也就是说丰富完善的“调查”、准确的“分析”不是就必然会产生一个优秀的设计。在分析和设计之间需要一次“创造性的飞跃”，创造性的起点是独特概念（设计主题）的提出。富有创造性的街旁绿地的设计概念来源于之前对规划的定位、用地本身和周围的情况、可能的使用者等各种因素的分析，以及现场的踏勘和设计者对场地独特的感性直觉体验。在设计中提出明确的概念有助于避免盲目地照搬现有实例，或杂乱地堆砌多种构景元素。提出明确的概念之后，空间的组织、活动的安排、景观的构成以及细部的处理等都要围绕这一主题进行，并将明确的主题和风格贯穿设计的整个过程，才有可能创作出富有特色的作品。

2.3.2　确定风格

与传统的园林设计相比，现代的景观设计所呈现的风格特征更为丰富。这些风格主要包括：强调在整体性原则的统领下，以严谨的、几何化的结构秩序控制各景观要素，创造理性的、动态的以及和谐的空间和景观的结构主义；以打破结构主义整体和谐的系统为特征，以分解、重叠、拼凑等方式建立新的秩序，突出差异性和不确定性的解构主义；提取传统园林设计的精髓，利用现代的设计元素和手法，结合现代生活的需要所形成的新古典主义；将乡土文化中的美术、建筑、雕塑及宗教艺术等元素、民间的生活习惯以及乡土的材料等因素运用到景观设计中的新乡土主义；以强烈、简洁的几何形构图，系列化的秩序来客观地表现景观本身，具有神秘、壮观的外部特征和丰富、深刻内涵的极简主义；以及注重艺术与大自然的自然力、自然过程和自然材料相结合的大地艺术和受波普艺术影响，利用艳丽的色彩、夸张的造型、日常生活中常见的材料，形成对现在既有秩序的反叛，给人们观念带来冲击的波普风格景观设计等（图2–16）。

在街旁绿地的设计中，设计者可以根据具体的情况，选择与自己的设计主题最搭配的风格。将风格化的设计落实到其后的形式、功能空间以及

图2-16　不同风格的景观设计

设施等细节的处理中，形成风格统一的设计成果。

2.3.3　建构空间

将前期的功能分析，即功能关系的泡泡图转化为包含独特设计概念的方案是景观设计的核心内容。这是一个将无具体形态、无尺度感、无质感的虚化功能空间转化为具有形态感、尺度感、质感和情感的实体空间的过程。完成从功能分析到空间建构这一设计过程需要长期的专业训练，其中应完成确定空间的性质、明确空间的尺度、选择空间形态以及整合空间的组织序列等步骤。

通过前期对使用人群以及他们的行为活动的分析，可以确定出适合该场地的活动项目以及这些项目之间的关系，即完成功能关系的泡泡图。而这些功能都需要相应的空间作为载体，如承载健身、跳舞、体育锻炼等活动的空间性质是开敞的、平坦的、热闹的；而小坐、休息、交谈的空间则具有安静、舒适、封闭度相对较高等性质；具有通道和连接作用的空间表现为线性、引导性强等特点。从功能关系的泡泡图转化为物质空间的第一步是确定这些功能所需的空间性质。而空间性质是由空间的尺度、建构空间的方式、空间的形式以及空间的材料等因素确定，这些问题都可在确定空间性质之后加以解决（图2-17、图2-18）。

街旁绿地属于中小尺度的绿地，具有“休闲性”、“袖珍性”等特点。因此，在建构空间的过程中，空间形态的确定对设计有特别重要的影响。空间形态的确定包括空间形式、界定空间的方式和建构空间的要素和材料的选择等内容。

空间形式包括几何形、自由形和组合形等（图2-19）。街旁绿地采取何种形式没有固定的标准，空间的形式应与用地的形状、设计的概念和风格、人行流线的走向、主要视线的方向等因素协调。空间界定的方式多种多样，包括围合、覆盖、凸起、下沉、架空、设置、质地变化等（图2-20）。在街旁绿地的设计中，最常用的空间界定方式是围合和覆盖。由于空间性质和尺度不同，围合和覆盖的要素和材料有所不同。在尺度较大

图2-17　铜梁玉泉公园的空间建构

空间建构是在功能关系泡泡图的基础上，结合场地本身的可能性，将这些功能以物质空间的形式落实下去。在玉泉公园的设计中通过轴线的转折保留山体，轴线形成展示景观形象和穿越的空间，自然山体形成市民休闲散步空间，此外还有边缘景观休闲带、健身游戏、静态休闲空间等。

图2-18 铜梁玉泉公园实施效果

ⓐ水体及景观亭；ⓑ静态休闲区；ⓒ景观轴线；ⓓ山体边界；ⓔ跌水景观区；ⓕ山体散步区

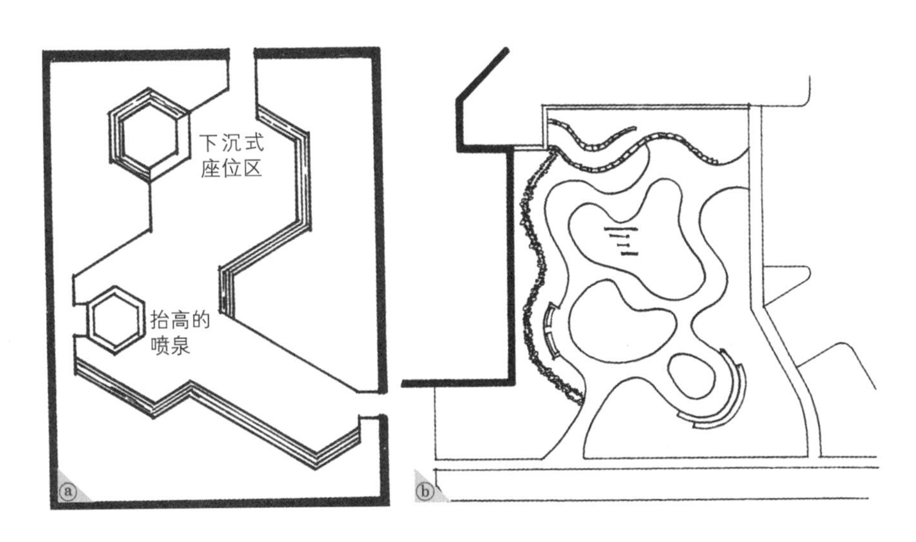

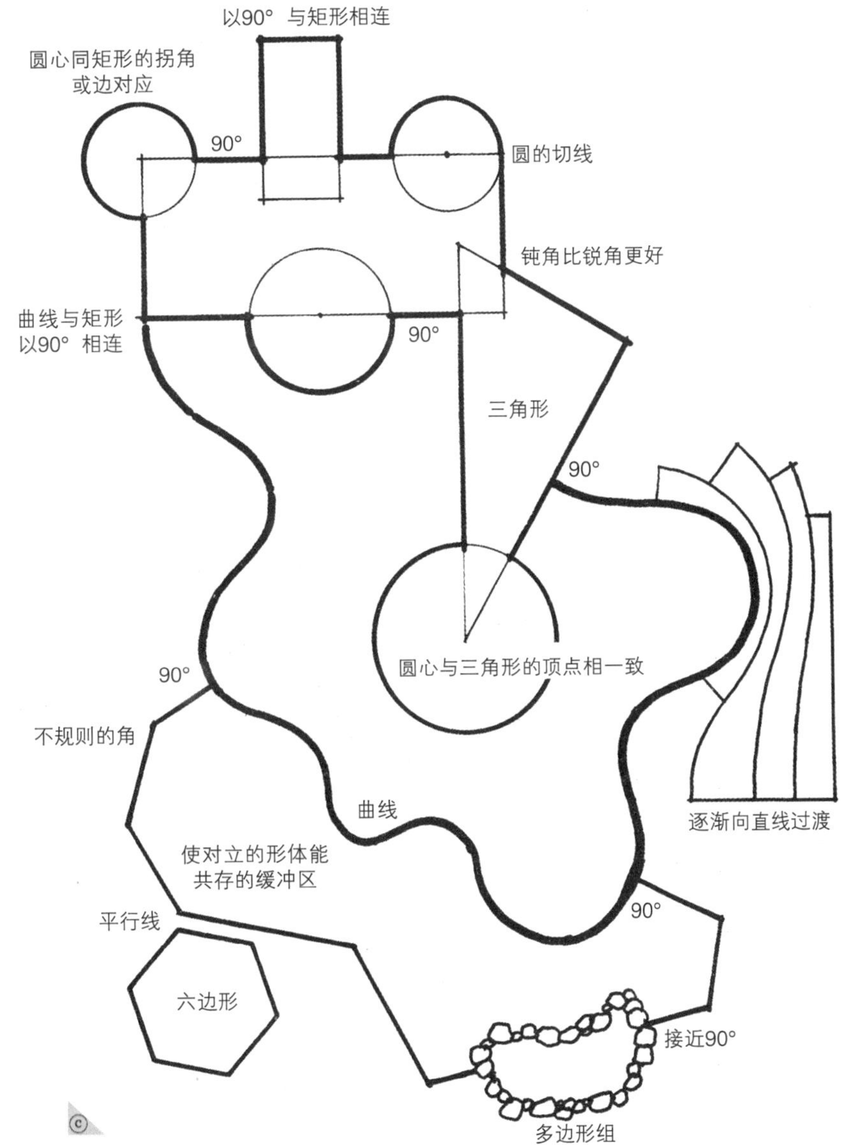

图2-19　几何形、自由形和组合形的空间形式

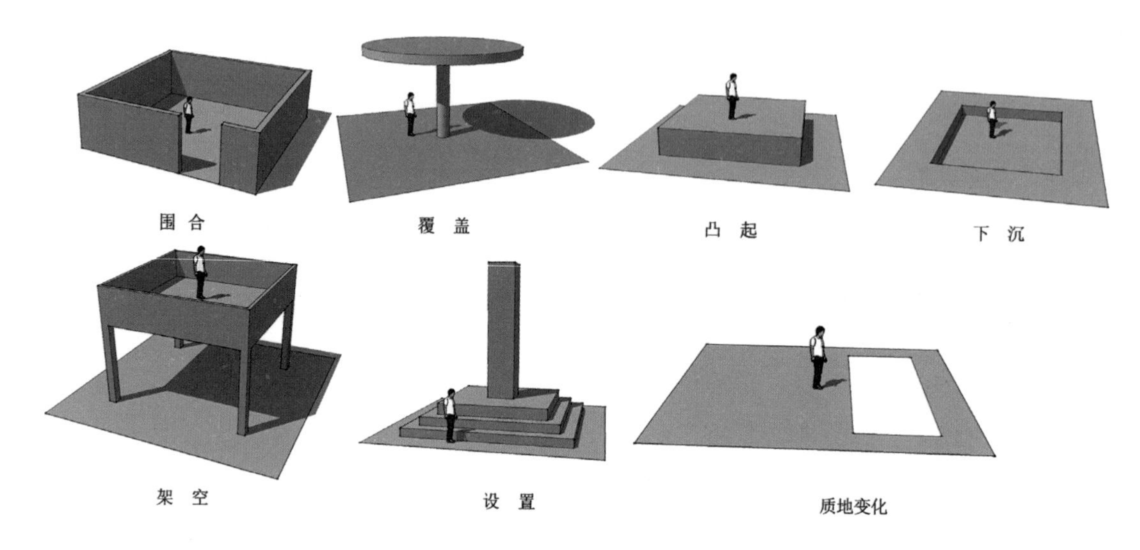

图2-20 空间界定的多种方式

的街旁绿地中，可采用地形、水体、建筑等要素来界定空间。在尺度较小的街旁绿地中，则常用矮墙、栏杆、植物、铺装变化等方式界定空间。在材料的选择上，应该注意材料的质感、色彩、肌理等带给人们的视觉、触觉、嗅觉，甚至是听觉方面的感受。

小尺度的街旁绿地可能由一种性质的空间组成，而尺度较大的街旁绿地则可能由几种性质的空间组合而成。在街旁绿地的空间建构及空间的组合中应遵循统一性、协调性、趣味性等原则。统一性包括功能与形式的统一、形式与风格的统一以及形式要素的统一等。协调性是指建构空间的各要素之间，以及要素和整体环境之间的一致状态。趣味性是指通过不同形状、尺度、质地、色彩等元素，以及变换方向、运动轨迹、声音、光质等手段所产生的使人好奇、着迷的感觉[1]。

2.3.4 细节设计

在中小尺度的景观设计中，细节的设计往往会在很大程度上影响设计的质量。城市街旁绿地的主要功能是为人们的休闲活动服务，所以体现人性关怀的细节设计是街旁绿地设计的重要组成部分。

① 里德 园林景观设计从概念到形式[M] 陈建业，赵寅 译 北京：中国建筑工业出版社 2004 第86页

街旁绿地的细节设计主要集中在边界设计，各种休息、游戏、服务、照明等设施的设计，铺地设计，种植设计以及无障碍设计等方面。这些问题包括：边界的界定与出入口的可达性问题；主要休息设施座凳的数量、形式、位置、材质等是否能满足人们各种休息活动的要求；儿童游戏设施是否具有安全性、激发儿童创造性等特点；照明设施是否能满足市民夜间使用的要求，是否产生眩光和其他光污染；标识设施是否指向清楚，是否便于解读；铺地是否安全舒适等等。此外，在街旁绿地细节的设计中还应特别注意与功能定位、设计概念和设计风格相协调，起到强化风格和特色的作用。

小结

对街旁绿地设计的研究应该从规划的层面开始，首先从城市公园体系的角度出发确定街旁绿地的位置、规模、指标及功能、景观和文化的定位，建构完善合理的街旁绿地系统，控制下一阶段的具体设计；街旁绿地的设计应建立在调研分析的基础上，在明确的主题和风格的控制下，巧妙地组织空间，处理好各种人性化的、有特色的细部设计问题，解决市民日常使用的各类需求。

第三章
不同类型城市街旁绿地的空间组织

休憩是城市街旁绿地的主要功能，小坐、聊天、散步、健身、运动、游戏等不同的休憩活动需要不同的空间，对不同空间进行合理组织是街旁绿地设计的主要内容。与其他的城市绿地相比，“密接性”和“袖珍性”是街旁绿地最显著的特点。因此，街旁绿地功能空间的构成与组合在很大程度上与其周边环境密切相关。城市街旁绿地设计必须按照不同的功能特点，通过合理的空间组织才能真正满足人们的使用需求。

1 城市街旁绿地分类

不同的周边环境决定了街旁绿地不同的功能特点。所谓不同的周边环境，是指街旁绿地与城市道路有不同的位置关系，或者位于不同的城市功能区。因此，以这两个方面为依据可以将街旁绿地分为以下几种不同的类型：

1.1 根据与城市道路的位置关系分类

根据街旁绿地与城市道路不同的位置关系，常见的大致可以归纳为四种基本形式，即：位于街角的城市街旁绿地、位于街区中的城市街旁绿地、跨街区的城市街旁绿地以及三面临街的街旁绿地（图3-1）。

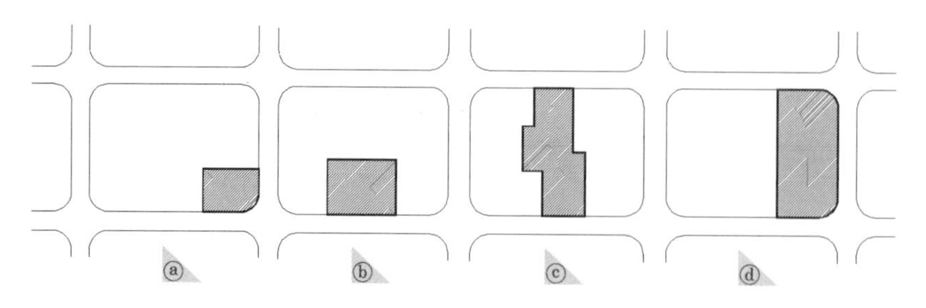

图3-1 与城市道路不同位置关系的街旁绿地

ⓐ街角的城市街旁绿地；ⓑ街区中的城市街旁绿地；ⓒ跨街区的城市街旁绿地；ⓓ三面临街的街旁绿地

1.2 根据所处的城市功能区分类

位于城市不同功能区的街旁绿地因服务对象和景观重要程度等因素的

不同，在空间处理上有不同的方式。根据街旁绿地所处的街区功能特点的不同，一般可以分为两类，即：位于生活性街区的街旁绿地和位于公共性街区的街旁绿地。

2 各类城市街旁绿地的特征

2.1　与城市道路位置关系不同的街旁绿地的特征

2.1.1　位于街角的城市街旁绿地

位于街角的城市街旁绿地，是指处于两条道路相交处的街旁绿地。由于街区形态或界定街区边缘的道路走向不同会呈现出不同的形状（图3-2）。但这类绿地的共同点是位于街区的角落，即道路或街道的交汇处，绿地的两个边缘以道路为边界，其他边缘以街区内的建筑物为边界。处于这种位置的城市街旁绿地因与道路有较长的边界线而具有较强的可达性，是易于到达、开放性比较强的一类街旁绿地。

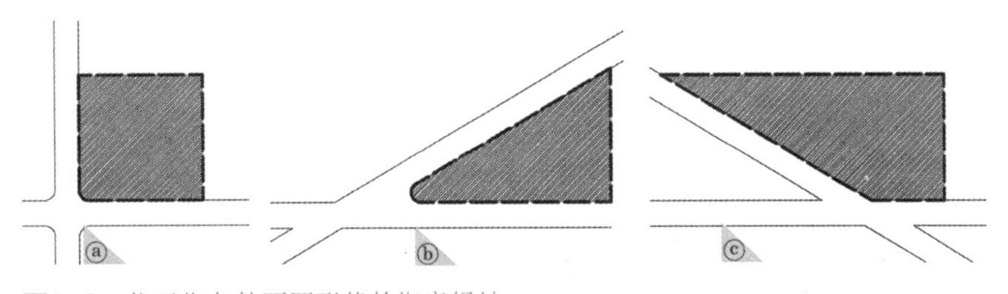

图3-2　位于街角的不同形状的街旁绿地

2.1.2　位于街区中的城市街旁绿地

位于街区中的城市街旁绿地一面临近道路，另外几个边缘以街区中的建筑物为边界。由于围合绿地的建筑物的性质、体量等不同，这类绿地又可分为一般沿街绿地和临街建筑前庭绿地。一般沿街绿地是指围合绿地的建筑性质、体量等呈均质的状态，没有突出的、重要的建筑统领整块场

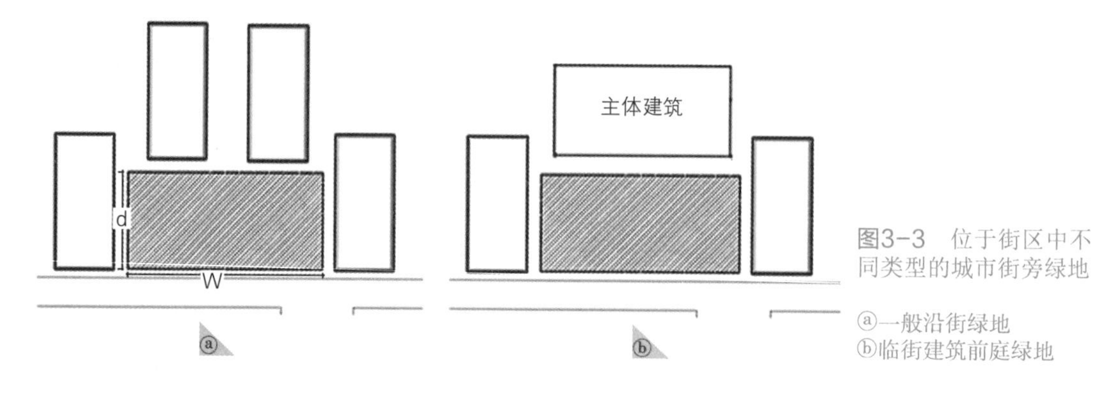

图3-3 位于街区中不同类型的城市街旁绿地

ⓐ一般沿街绿地
ⓑ临街建筑前庭绿地

地。临街建筑前庭绿地指围合绿地的建筑中有体量及性质特别重要的建筑统领了整块绿地，成为这一绿地的支配性要素（图3-3）。

位于街区中的城市街旁绿地的主要特点是场地一面临街，与街道的密切关系及可达性的高低取决于沿街一面的宽度与绿地的进深比例。当沿街一面的宽度大于绿地的进深时，绿地与街道关系密切，可达性较高；而当沿街一面的宽度小于绿地的进深时，随着绿地进深与沿街宽度比例的增加，从街道到场地的可达性将减弱。有关研究表明，当绿地进深（D）与沿街宽度（W）之比大于6：1时，绿地的使用效率会大大降低，而较为适当的比值是2.5：1~4：1[①]。

2.1.3 跨街区的城市街旁绿地

跨街区的城市街旁绿地是指位于两条城市道路之间，两端分别与两条道路相接的街旁绿地。这类街旁绿地的特点是两面临街，通过场地将两条不相交的道路连接起来，可以让行人以及周围居民十分方便地穿行，为人们的通行提供了便捷的通道，同时还十分有效地扩大了服务半径（图3-4）。

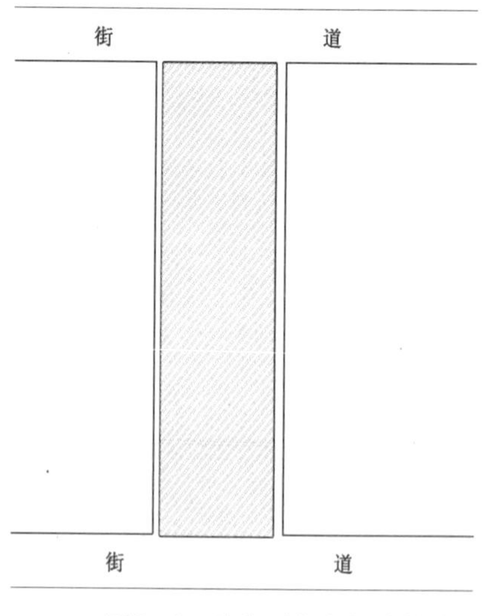

图3-4 跨街区街旁绿地的特征

2.1.4 三面临街的城市街旁绿地

三面临街的城市街旁绿地兼具街角街旁绿地和跨街区街旁绿地的特征。场地的三条边界临近道路，具有极高的可达性和多方向的人流穿越等特点，容易成为活动丰富、氛围热烈的城市开放空间（图3-1 d）。

① 克莱尔.库柏.马库斯 卡罗琳.弗朗西斯 人性场所——城市开放空间设计导则 [M] 俞孔坚 孙鹏 王志芳等译 北京：中国建筑工业出版社 2001 第142页

2.2　位于不同城市功能区的街旁绿地的特征

2.2.1　位于生活性街区的城市街旁绿地

生活性街区是指以居住为主的城市功能区。位于这一区域内的街旁绿地的主要功能是满足居民等相对固定人群的日常使用。一般情况下，最主要的使用者是老年人和儿童，因此，儿童游戏、老年人的健身活动以及小坐休息等设施是这类街旁绿地必不可少的要素。舒适、亲切、自然朴实是这类街旁绿地最突出的特点（图3–5）。

图3–5　生活性街区的街旁绿地应特别关注儿童及老人的使用需求

2.2.2　位于公共性街区的城市街旁绿地

公共性街区是指以商业、办公、交通等为主的城市功能区。位于这一区域内的街旁绿地的服务对象是城市公众，主要活动以小坐、聊天、等候为主，兼具城市活动、街头表演、展示等功能。在建筑密集的城市公共区域内，这类绿地如同沙漠中的绿洲，具有景观标志的作用。因此，与公共性街区的风格、形象配合协调的时尚、简洁、大气是这类街旁绿地的特征（图3–6）。

图3–6　公共性街区的街旁绿地风格应与整体氛围协调

3 各类街旁绿地的空间组织

3.1 生活性街区街旁绿地空间组织

生活性街区街旁绿地的主要服务对象是周边的居民，主要功能是满足居民日常的休闲活动，这些活动主要有：散步、小坐、聊天、健身、运动、儿童游戏等等。散步、小坐、聊天等活动需要相对安静、尺度较小的空间，而健身、运动、游戏需要相对开敞集中的大空间。因此，为了满足生活性街区内多样化的日常休闲活动，街旁绿地应进行适当的功能分区。即首先应通过功能分析理清各功能之间的关系，确定它们之间分隔和联系的方式，然后利用地形、植物、矮墙、水体等景观要素来组织空间。

功能区的划分，即活动空间的组织，与街旁绿地的规模有非常密切的关系。当街旁绿地规模较大时，可利用植物、矮墙等景观要素将相互之间有干扰的活动分开，形成相对独立的活动空间。

以重庆龙溪小游园为例，该街旁绿地周边为居住区，场地形状为规则长方形，占地面积约为8000m^2，属较大规模的生活性街区城市街旁绿地（图3-7）。

整个游园包含了跳舞、健身、打乒乓、小坐、聊天等活动，这些活动被划分到不同的功能空间（图3-8）。南、北两个入口广场，是居民们早晚跳舞的空间；健身游戏区内布置了健身器械、儿童游戏设

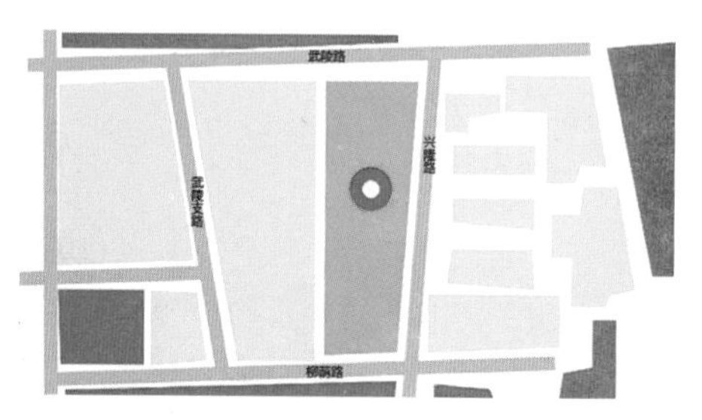

图3-7 龙溪小游园区位图

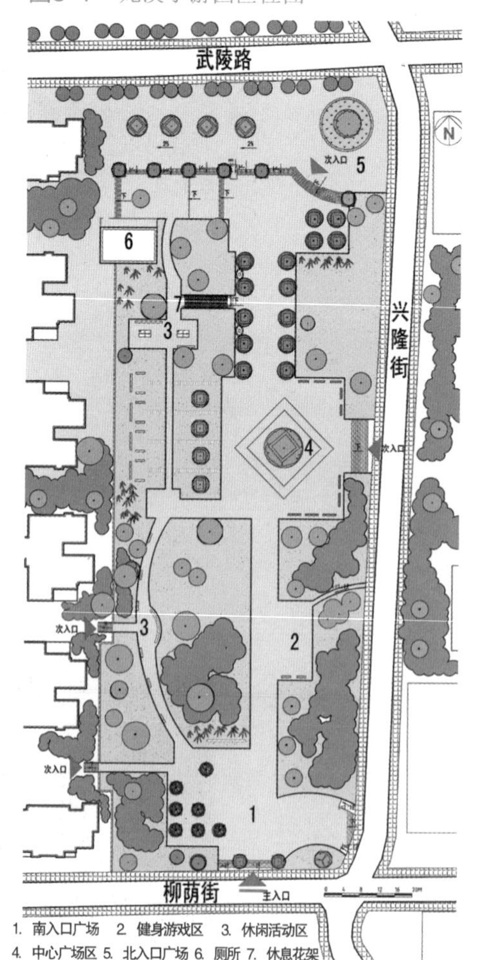

图3-8 龙溪小游园平面图

施和休息座椅，满足老人小孩在此健身、玩耍、嬉戏、休息的需求；活动区内布置了休闲廊架以及一小块乒乓球活动场地，可满足体育运动和休息聊天的要求；中心广场区位于场地的中部，广场中心的黄葛树成为视线焦点，四周放置了有靠背的座椅，常有人在此休息、看报、聊天（图3–9）。

而当街旁绿地规模不足以将各功能区完全分开时，一般情况下可将运动、游戏、健身等内容相对集中，形成热闹的动态空间，而将小坐、休息、散步、观景等内容集中起来，形成相对安静的静态空间。

图3–9　龙溪小游园的各种活动空间

动态空间具有尺度较大、视线开敞等特点，多以硬质场地为主要景观要素。静态空间以软质景观要素为主，树林中的小径、亭廊、花架，以及用植物围合的小块空地，树阵等都可成为静态空间。热闹的动态空间和安静的静态空间不宜机械的截然分开，而应通过空间之间的连续贯通自然过渡，以创造出富于生机的空间氛围。在设计手法上，可通过高差不大的地形塑造、低矮的植物、通透的廊架、树阵以及水体等多样化的景观要素和灵活多变的处理方式对这两类空间进行划分。

以重庆加州小游园为例，该街旁绿地位于渝北加州居住大社区，周边被居住建筑围绕，场地形状为三角形，面积约为2300m^2，是典型的中等规模的生活性街区的城市街旁绿地（图3–10）。

场地主要使用者是附近的居民，以中老年和儿童为主，主要活动有健身、游戏、嬉水、散步阅读、交谈、休息、观赏等。

场地的主要功能空间包括入口广场、树阵广场、水景观赏区、中心小广场和休憩健身区，其中入口广场、中心小广场为动态空间，树阵广场、水景观赏区和休憩健身区为相对安静的休息赏景空间（图3–11）。

入口广场位于小游园的北面，是小游园的主要入口，可兼做跳舞、溜冰、打羽毛球和儿童游戏的活动场地，通过4级弧形的台阶与其他空间相连；中心小广场位于小游园的中部，它连接小游园的次入口，承担人流集散的功能，是转换聚集的动态空间（图3–12）。

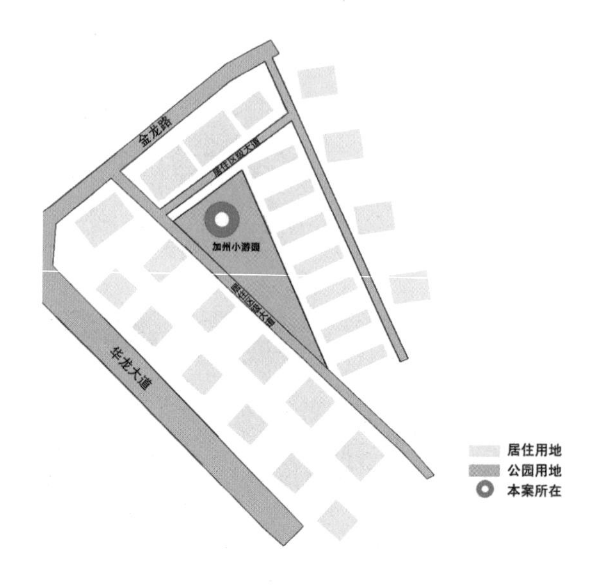

图3–10　加州小游园区位图

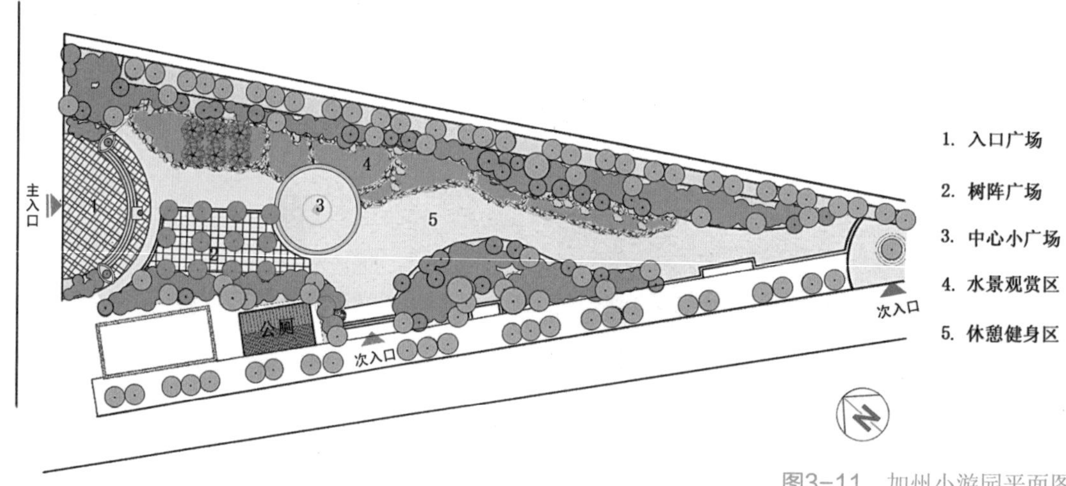

图3–11　加州小游园平面图

图3–12　加州小游园的动态空间

图3–13　加州小游园的静态空间

抬高两级的踏步和整齐的树阵界定出的树阵广场是小游园休息交流的空间，带状的水景观赏区形成小游园的东北面边界，塑石、叠水、雕塑和高大的海枣树形成丰富的视觉效果，使其成为观赏和休息的空间。次入口附近的集中绿化区边缘布置了健身器材，在浓密的树冠的掩映下，形成了带状的休息健身空间（图3–13）。

从加州小游园的空间组织可以看出，动态空间以硬质铺装为主要构成要素，静态空间以水体和植物为主要景观要素。动态空间与静态空间之间没有生硬的分割：线形的路径联系了各功能空间，铺装和地面高程的变化以及水体和植物等景观要素界定了不同的次级空间。而各空间交接的边界区域，如弧形的台阶、水池边的石头、绿化边缘的座椅等成为人们最乐于停留的地方（图3–14）。

当街旁绿地规模很小时，则首先要对活动项目有所取舍，选择安排适应面广、使用频率高的活动。在空间组织上特别要注意设置复合型功能空

图3-14　加州小游园边缘空间中的各种活动

间，在不同时间满足不同的活动需要。其次，空间使用功能应有较强的适应性和一定的模糊性。最后，要注意尽可能多的形成边缘空间，并充分加以利用。如美国纽约的猎人点社区公园（Hunters Point Community Park），本身面积不大，在布置了居民喜爱的篮球场地后，用地更加紧张。在这种情况下，设计师充分利用场地的边缘空间布置座位休息区，同时利用空地和草坡形成具有复合型功能特点的空间，满足了不同时间段儿童游戏和老人们休息的活动需要（图3-15）。

图3-15　纽约猎人点社区公园的活动空间

3.2　公共性街区街旁绿地空间组织

位于公共性街区的街旁绿地是城市建筑密集区里的绿洲，也是城市中心的景观亮点。它的主要服务对象是购物者、上班族、旅游者等，主要活动有通行穿越、小坐休息、等候、聊天、商业促销、展示、小型演出等等。场地内的活动项目和空间组织与周边建筑的功能密切相关，较常见的公共性街区街旁绿地有商业型、办公型和交通型等几种。

3.2.1　商业型街旁绿地

商业型街旁绿地是指位于城市商业区附近的街旁绿地。这类绿地以满足公众休息为主。一般情况下，可根据人们休息方式的不同，通过地形高差的变化、植物的高低搭配、矮墙、水体等多种景观元素营造出不同规模、不同性质的休息空间。如由托马斯·巴斯莱联合事务所（THOMAS BALSLEY ASSOCIATES）设计的纽约325 第五大道休息广场中（325 Fifth Avenue plaza 图3-16），设计师通过植物的围合和场地高差的变化，形成了尺度较大的“公共休息空间”，可供喜欢热闹的、大量的人群使用。而尺度较小的、较安静的“半公共空间”具有一定的私密性，则受到喜欢安静的人们的欢迎（图3-17）。

当这类绿地规模较大时，则可考虑设置儿童游乐空间，便于小孩和家长使用。同时还可考虑布置展示空间，开展商业促销、展示、小型演出等活动，晚上可供周围的居民跳舞健身使用。如位于成都二环路商业区旁的武侯广场（图3-18），面积约10000 m^2，场地规模较大，因此在满足一般的休息活动以

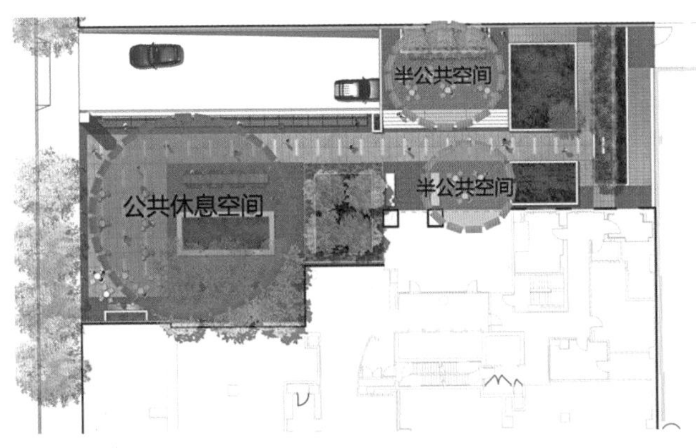

图3-16　纽约325第五大道休息广场的各种休息空间

图3-17　纽约325第五大道休息广场的各种活动

外，还考虑了可用于商业展示、小型演出活动以及市民健身等复合使用的大空间（图3-19）。

3.2.2　办公型街旁绿地

办公型街旁绿地是指位于城市商务、行政、办公区附近的街旁绿地。这类绿地以满足便捷的穿越方式和提供安静的休息空间为主。便捷的通道满足人们上班赶时间的需求，而安静的休息空间则是缓解工作压力的最佳场所。在这类场地的空间组织上，首先要注意分析各建筑之间人们的通行需求，通过行为分析，以各种方式留出主要的通行路径。SWA集团设计的位于美国福特沃斯市商务中心区的伯奈特公园（Burnett Park），就是以“米”字的道路结构，形成了人们行走的便捷通道（图3-20）。而由海格里夫斯联合事务所（Hargreaves Associates Firm）设计的位于美国达拉斯市商务中心区的贝洛花园（Belo Garden）则以曲线形成了行走通道（图3-21）。

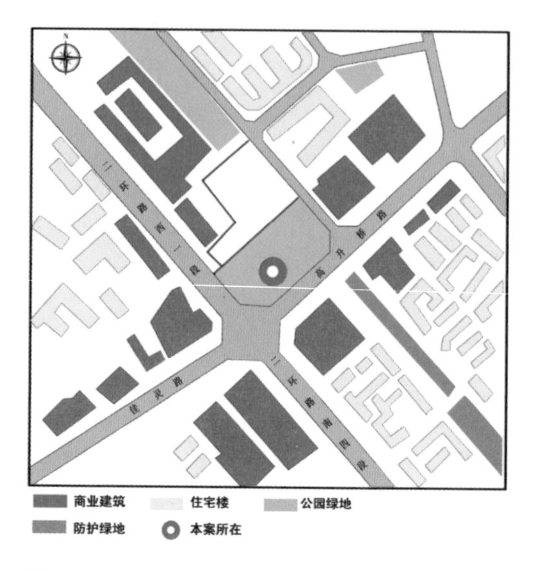

图3-18　成都武侯广场区位图

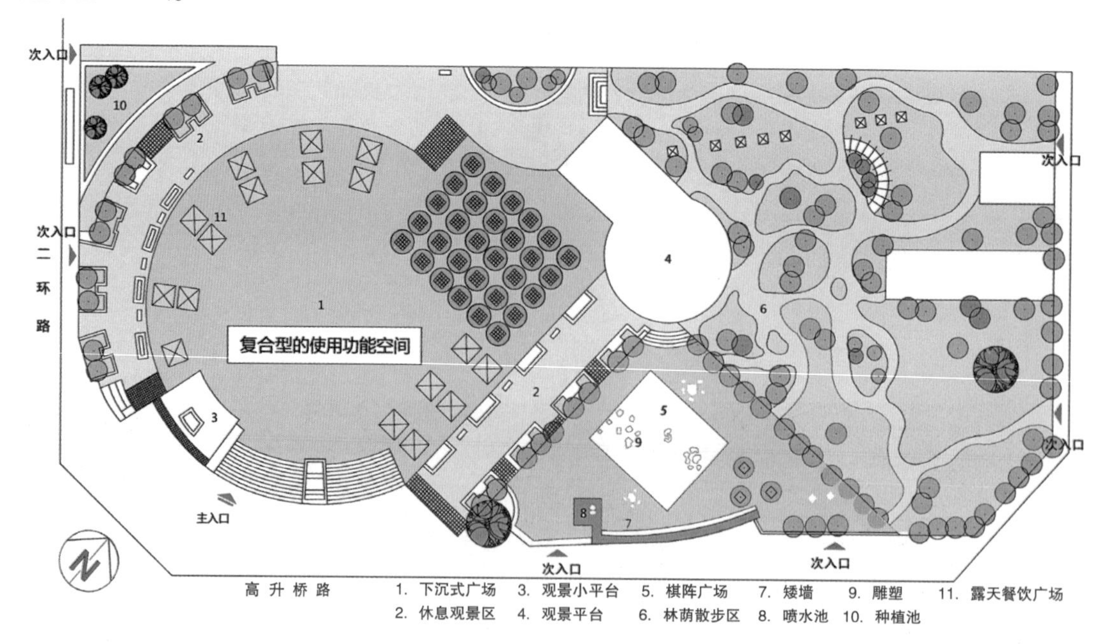

图3-19　成都武侯广场的复合空间

下沉式广场是商业展示、市民健身、休憩等多功能的复合使用空间。

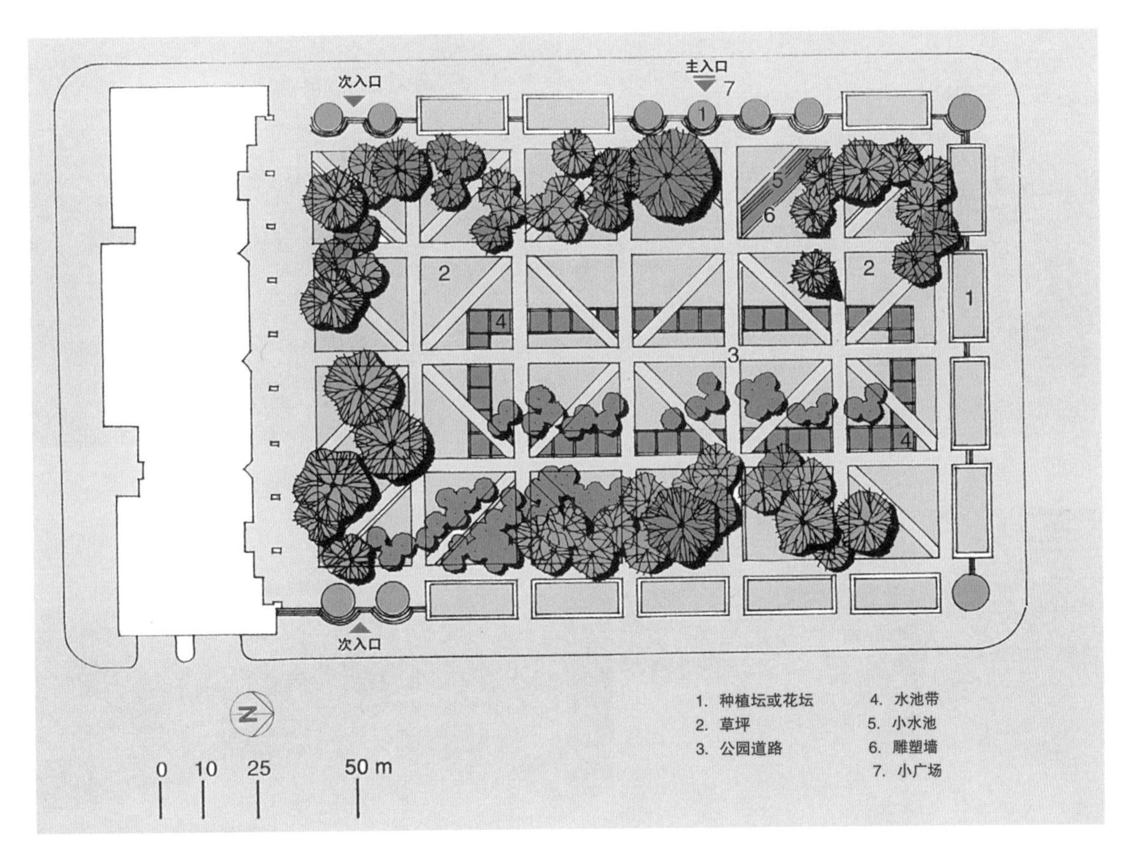

图3-20　伯奈特公园平面图

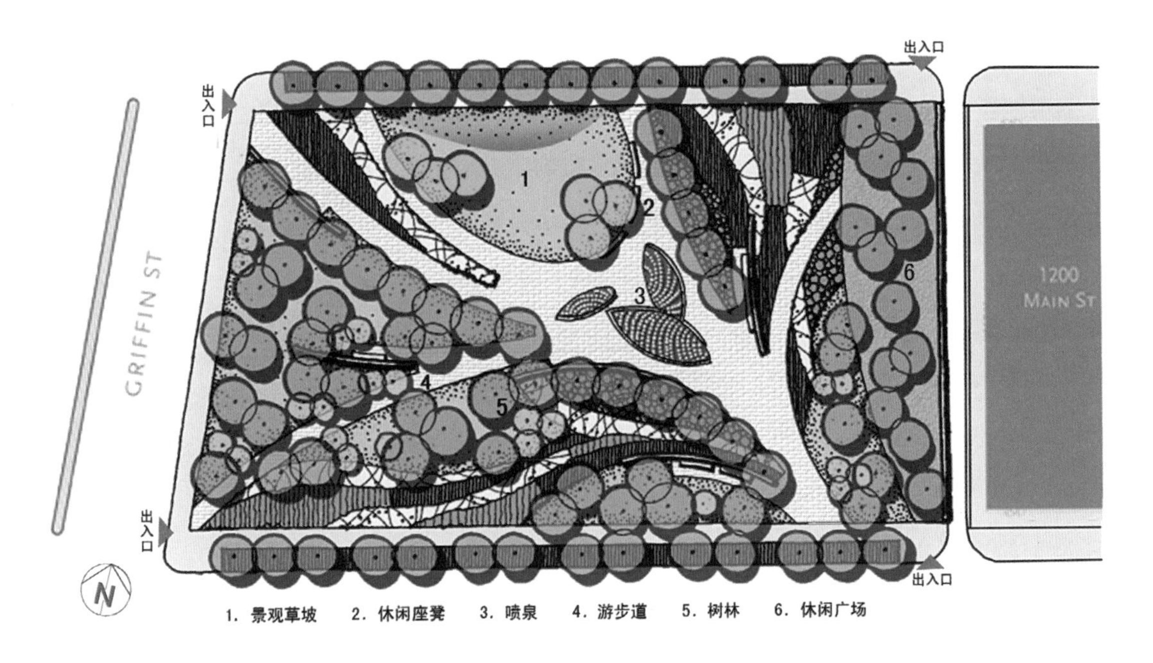

图3-21　贝洛花园平面图

图3-22 毛利庭园中的植物与水体

图3-23 贝洛花园和圣·荷赛广场公园中的喷泉

办公型街旁绿地静态空间的营造也十分重要。一般情况下，为了有效消除人们的紧张情绪，缓解工作压力，在静态空间的界定中，常会用到大量的植物以及水体等自然景观元素。如日本东京朝日电视台大楼和六本木新城之间的毛利庭园，使用了自由形态的静态水体和大量的植物，形成非常安静怡人的休息环境（图3-22）。而贝洛花园（Belo Garden）及由海格里夫斯联合事务所设计的圣·荷赛广场公园（San Jose Plaza Park）中则用到了多种形式的喷泉，形成了清凉舒适的空间（图3-23）。

3.2.3 交通型街旁绿地

交通型街旁绿地，是指位于城市中心区地铁、轻轨、地下通道等出入口，或过街天桥的接口等处的城市街旁绿地。这类绿地的主要功能是疏散人流和满足人们休息等候需求。因此，在功能空间的组织上，首先应对人流的来去方向作出分析判断，留出足够的疏散通道，使人流在最短的时间

图3-24　深圳地王大厦前的交通型街旁绿地空间组织

迅速疏散。其次可充分利用通道与种植带、水体等景观要素之间的边界空间布置休息的设施，尽可能多地安排可以小坐的空间，形成较为舒适的休息等候环境。

以深圳地王大厦前的带型街旁绿地为例，这里有地铁罗宝线大剧院站的出入口，从出入口出来人们可以选择人行道和街旁绿地留出的通道。在通道的两侧布置了绿化带，种植带的边缘是橙色的条带形就座空间（图3-24）。又如香港会展中心附近位于人行天桥接口的街旁绿地，是一块建筑与道路之间的狭长用地，在空间组织中，用条带形的水体和植物界定出了人们行走疏散的通道，植物带的边界以花台和踏步的形式形成了供人们小坐休息的空间（图3-25）。

图3-25　香港连接人行天桥的交通型街旁绿地空间组织

3.3 位于街角的城市街旁绿地空间组织

位于街角的城市街旁绿地的空间组织与两条相交的街道角度有较大关系，当街道相交成直角或锐角，行人可以从一条街道穿越场地到达另一条街道时，“走捷径”成为人们的首要需求。因此，在设计中除了满足一般的休闲活动外，还必须考虑行人通行便捷的需要。为满足这一要求，在空间组织中应在转角区域设置开敞的通行空间或尺度较大的活动空间。这一空间中应避免有阻碍通行的障碍物，在转角处还应特别注意满足会车视距的要求，以保证道路中驾驶的安全性。另外，与道路相邻的边界是这类绿地随机性活动发生最为频繁的地方，因此在处理边界空间的时候既要考虑引导和控制游人的进入，又要考虑设计一些能提供行人短暂休息、停留、交谈等随机活动的空间。场地的内部则可以布置相对安静的休息空间和活动空间（图3–26）。以成都高新区紫竹广场为例，界定场地的两条道路相交成锐角。为了满足人们穿越的需求，在转角区域布置了开敞的雕塑广场，人们可以走捷径直接从紫荆东街穿过场地到达紫竹中街。沿街道的两侧是由阵列的乔木形成的满足街边随机发生活动的带状空间，通过弧形的廊架分隔出了场地内部更安静的区域，形成了不受街道行人和汽车干扰的休息活动空间（图3–27、图3–28）。

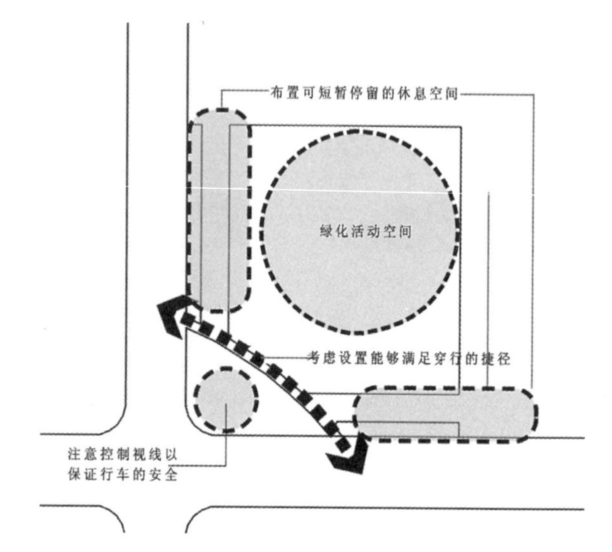

图3–26 相交角度为直角的街角街旁绿地空间处理示意

当两条街道相交角度呈较大的钝角时，从场地转角处穿过几乎起不了走捷径的效果，因此在这类绿地的空间组织中，更应强调以连续的边界空间界定出场地内外空间的不同。在具体的空间处理中，可直接用绿化、水体、矮墙等分隔空间，也可将这些分割空间的景观要素适当后退，以留出便于发生随机性活动的缓冲空间（图3–29）。以成都市青羊区八宝广场为例，场地相邻的道路万和路与八宝街相交成约160° 的钝角。设计师在边界空间的处理上使用了连续的、大面积的绿化将街道与场地活动空间隔

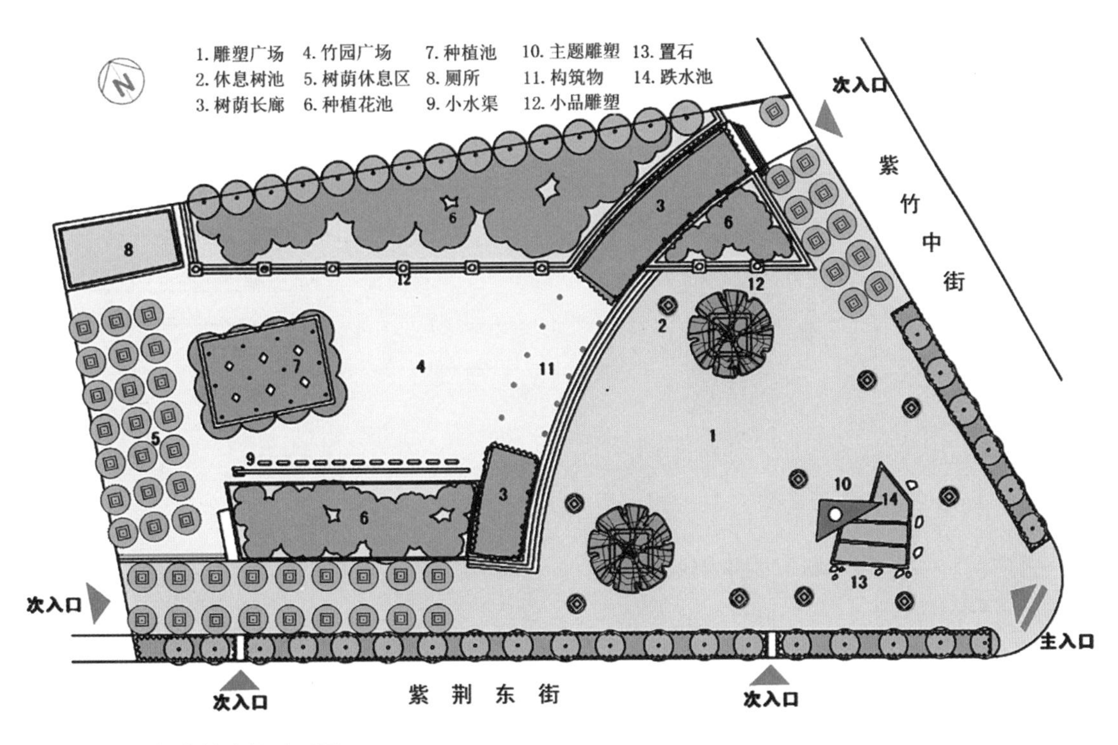

图3-27　成都紫竹广场平面图

图3-28　成都紫竹广场各空间照片

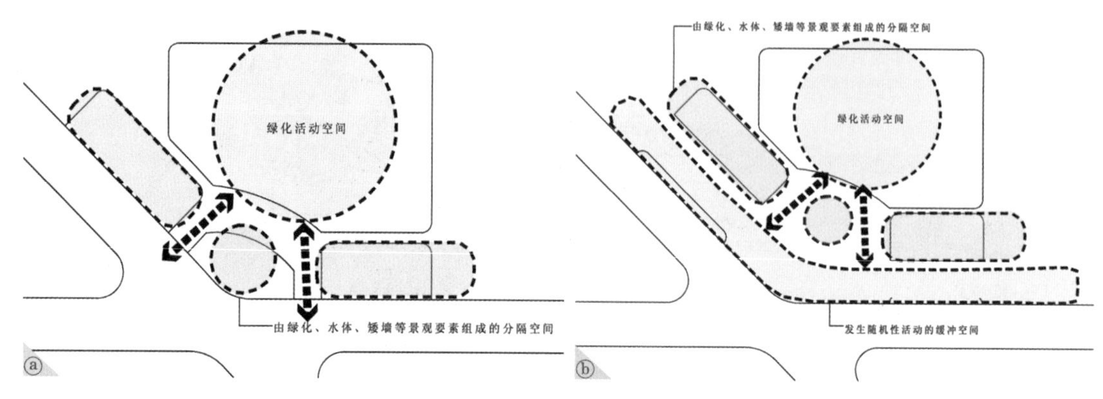

图3-29 相交角度较大的街角街旁绿地空间处理示意

开，茂密的植被提升了城市的景观效果，同时阻隔了街道上的噪声，也为场地内部的中心表演区、茶座区、休息区和儿童游戏区等提供了良好的环境（图3-30）。

3.4 位于街区中的城市街旁绿地空间组织

位于街区中的城市街旁绿地有一般沿街绿地和临街建筑前庭绿地两种类型。

3.4.1 一般沿街绿地

一般沿街绿地的功能空间组织与沿街面长度（W）与场地进深（D）之间的比例关系较为紧密。当沿街面长度与场地进深比值较大时，称为横向沿街绿地。这类绿地与街道的接触面大，场地的可达性高。在这样的绿地中适合安排散步、小坐、健身等活动。在空间组织上常以线状空间串联作为集中活动场地的节点空间，或形成曲折或转折的带状空间。在带状空间的边缘布置座凳

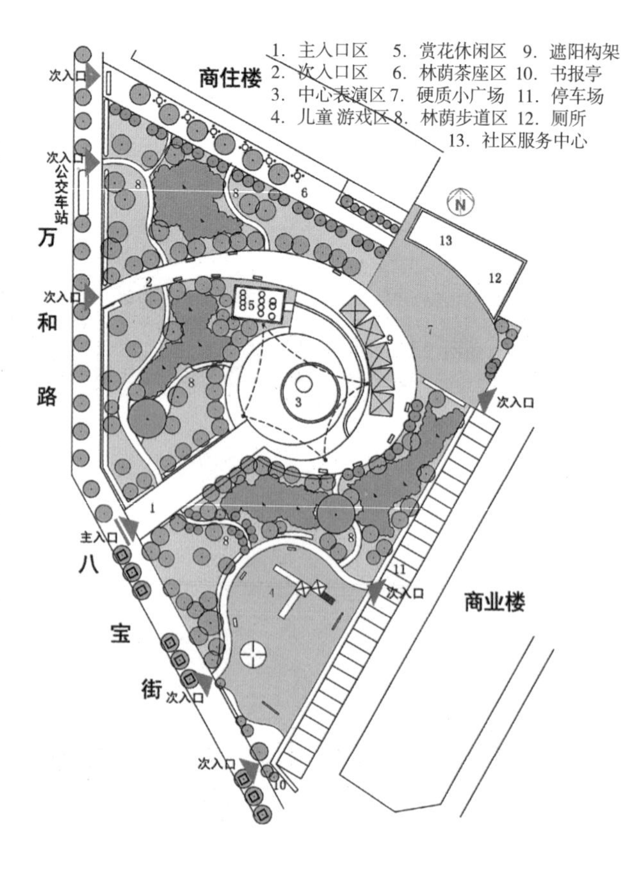

图3-30 成都市青羊区八宝广场平面图

或健身器材等，形成休息活动空间。以重庆某小游园为例，该用地单面临街，沿街面长度约为场地进深的5倍，场地以绿化为主，一条弯曲的散步道串联了几个活动小广场，散步和小坐休息是该绿地的主要活动（图3–31）。

而日本福冈塔附近的沿街绿地则是通过转折的、下沉的带状水体组织空间。带状空间的边沿是人们临水小坐的休息带，结合条带形的植物种植带，形成了动人的景观和活动带（图3–32）。

当沿街绿地进深较大，而临街面宽度较小时，称为纵向沿街绿地。这类绿地由于与街道的接触面小，不容易引起人们的注意而往往被忽略。因此，在纵向沿街绿地的空间组织上，首先应加强沿街边界入口空间的布置。入口处要形成视线较开敞的空间以利于引导行人进入，再往里则可以逐步加强空间的私密性，形成各种安静休息的空间。如美国纽约的切尔西地标小游园（Chelsea Landmark）是典型的纵向沿街绿地，在空间组织

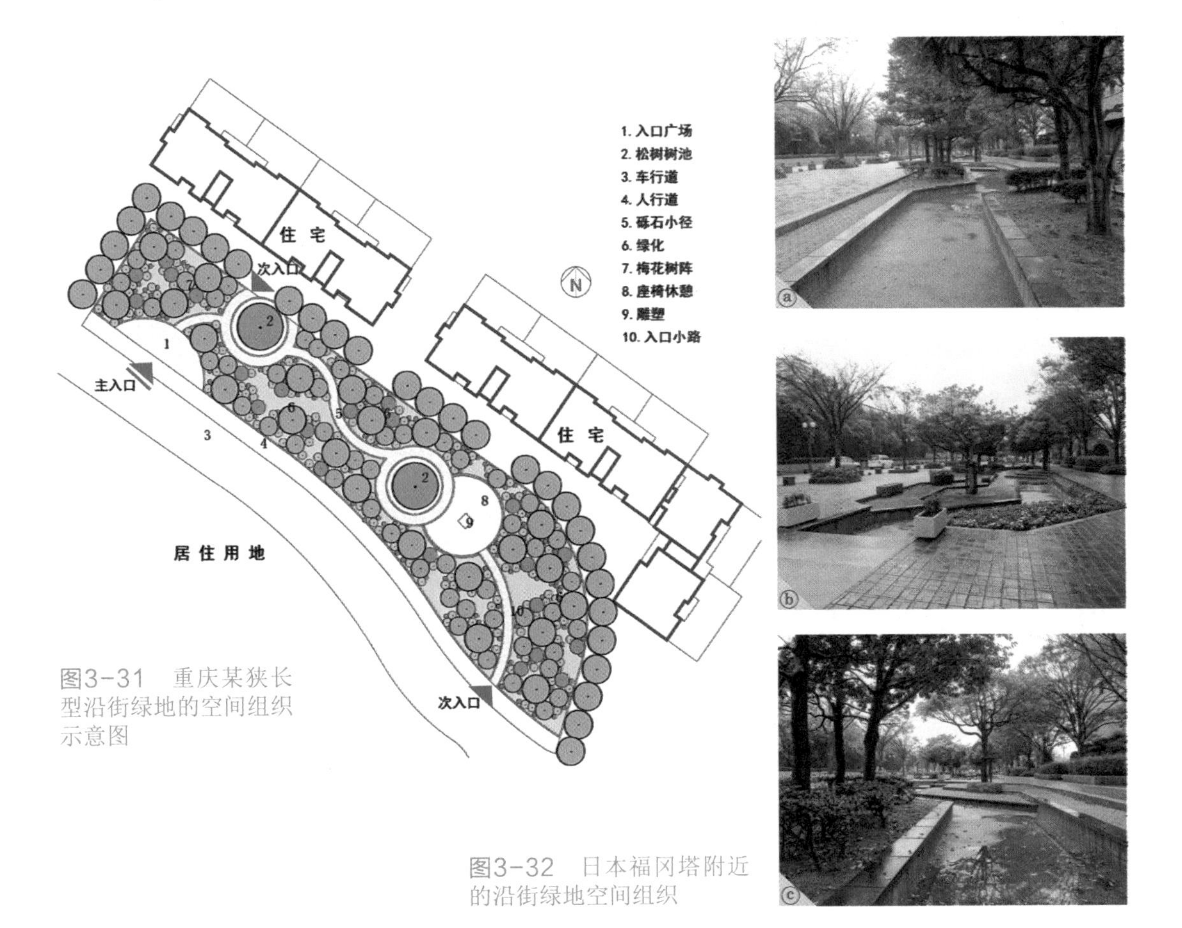

图3–31　重庆某狭长型沿街绿地的空间组织示意图

图3–32　日本福冈塔附近的沿街绿地空间组织

图3-33 切尔西地标小游园的空间组织

上可以看出，靠近街道部分视线比较开敞，而在靠里端则为安静的休息空间（图3-33）。

当场地临街面宽和进深接近时，绿地用地形状较方正。在空间组织上可根据周边环境要求，通过植物、水体、矮墙等景观要素，以围合、覆盖、变化高差等等方式划分出不同功能的小空间。值得注意的是，在场地与街道相邻的边界设置入口，也应有较好的视线和行为引导性。如果需要，可以在安全性较好，又对周边建筑干扰较小的区域布置儿童活动空间。在远离街道的、更隐蔽的区域布置安静的休息空间（图3-34）。

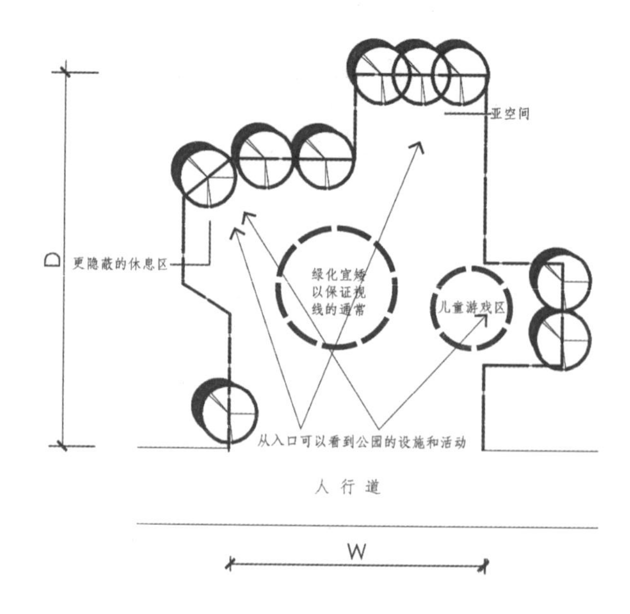

图3-34 较方正的沿街绿地的空间组织示意

3.4.2　临街建筑前庭绿地

临街建筑前庭绿地的空间组织应与建筑的功能、造型及风格密切结合。首先，应在满足车行与人行交通的前提下，妥善处理人行和车行的流线关系，尽可能实现人车分流并留出人们的活动空间。其次，在其他活动空间的安排上应重点考虑与建筑内部的功能结合，在空间形式和风格表达上应注意与主体建筑风格相协调，体现建筑所要表达的文化内涵。

以图3-35的临街建筑前庭绿地的设计为例，车行从场地两侧分别进入地下车库。建筑主入口前布置了系列水景形成主要景观带，两侧布置绿化及活动空间，绿地的设计起到了很好地烘托建筑氛围的作用（图3-35）。

图3-35　某临街建筑前庭绿地平面图及场地剖立面

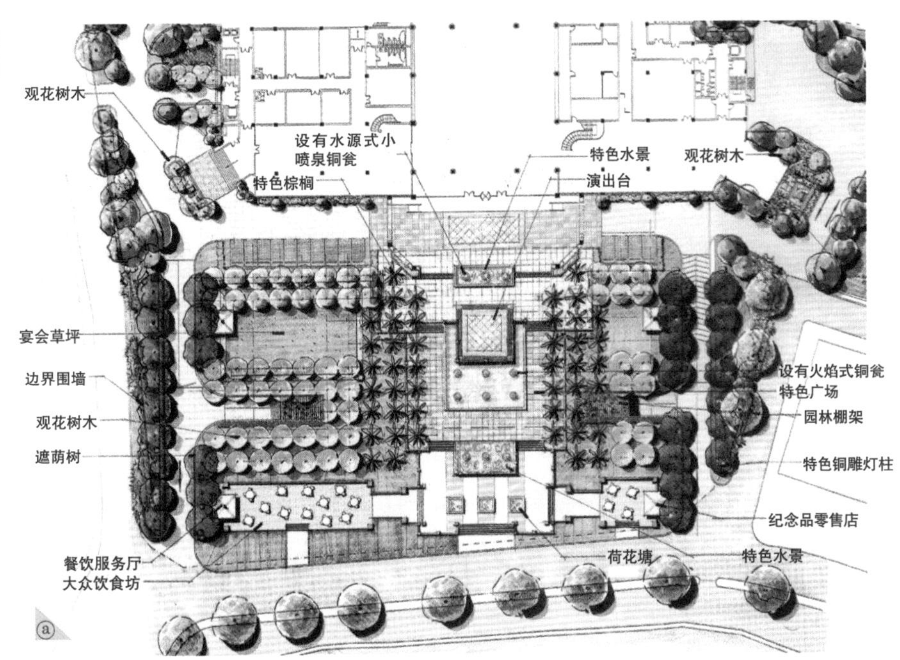

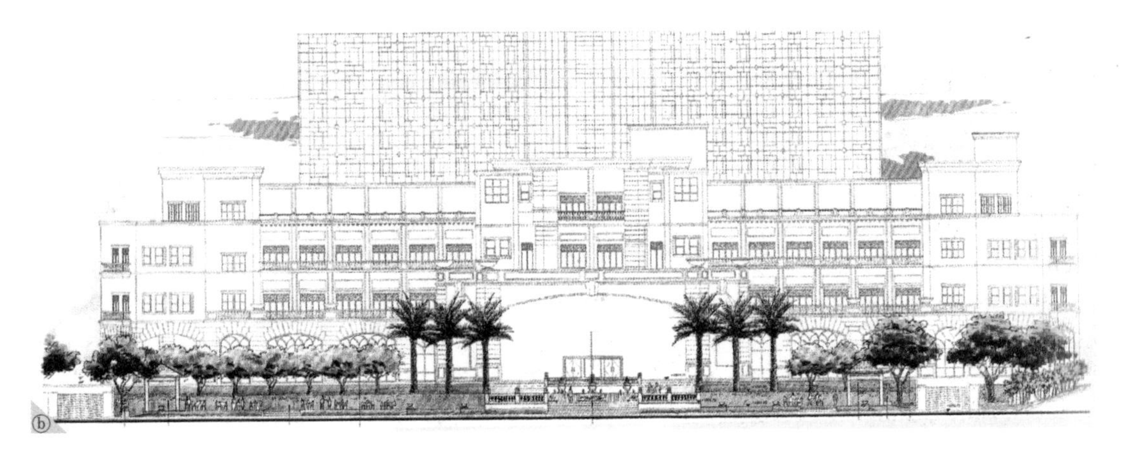

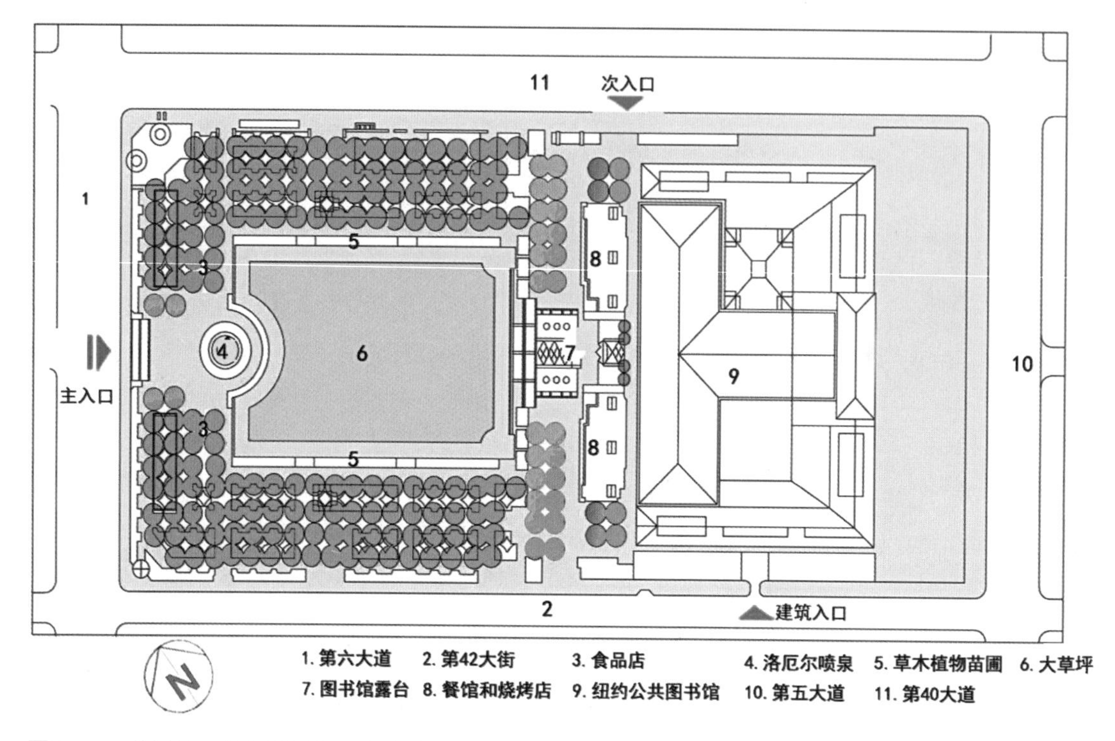

图3-36　美国纽约布莱恩特公园平面图

美国纽约布莱恩特公园也是典型的临街建筑前庭绿地，公园位于美国纽约公共图书馆前，1911年竣工的纽约公共图书馆是宫殿式馆舍建筑，具有新古典主义的风格。在建筑前庭的小公园设计中，延伸了建筑的轴线，整体采用了规则对称的布局形式，中轴线上安排了大草坪、喷泉、雕像等景观元素。公园的设计表现了强烈的古典主义风格，与建筑构成和谐的整体（图3-36）。大草坪两侧的林下空间设置了售卖亭和座位区，是人们活动的主要空间（图3-37）。

图3-37　美国纽约布莱恩特公园的林下休息空间

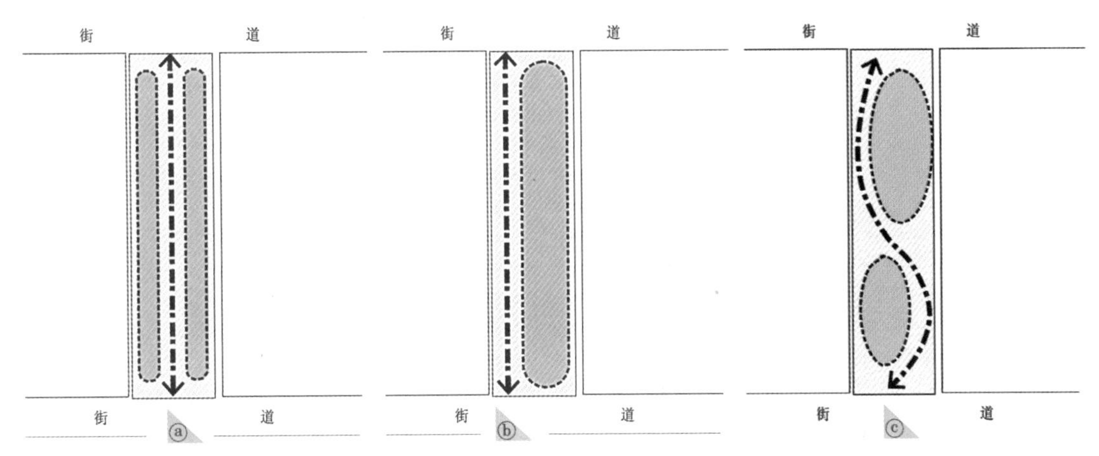

图3-38　跨街区街旁绿地空间划分模式（ⓑⓒ为常用模式）

3.5　跨街区的城市街旁绿地空间组织

跨街区的城市街旁绿地有两条相对的边界与城市街道相连，因此行人往往要从一条街道穿越绿地到达另一条街道，合理规划穿行路线是这类绿地要解决的主要问题。针对这一特点，在街旁绿地的空间组织上，首先应妥善处理穿行路线与其他活动空间之间的关系。穿行路线若为直线，除非有特殊的考虑，一般情况下应尽可能避免布置在场地正中，否则将划分出两个完全相同的狭长用地，不利于场地中不同活动空间的设置。因此，直线式的穿行路线通常布置在场地的一侧，剩下的场地可以集中安排绿化或不同的活动空间。穿行路线也可布置成曲线式或折线式，这样有利于生动地划分空间并集中地安排其他的活动场地（图3-38）。

日本大阪新梅田商业中心小游园是一个典型的跨街区的城市街旁绿地，该设计曾获1993年大阪设施绿化最优秀奖。场地两端临街，另外两侧一边临新梅田商业综合体，一边临另一座商务大楼（图3-39）。在新梅田商业综合体前，设计师布置了较宽的带形的硬质铺装场地，这一带形硬质铺装场地不仅是商业综合体的前广场，同时还形成了跨街区绿地的穿越路径。在与绿化用地相接的边缘位置布置了座凳，兼具了休息空间的功能。场地其余部分以绿

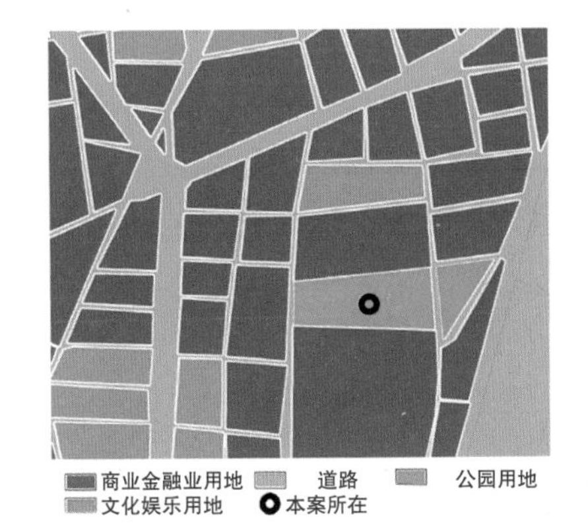

图3-39　新梅田商业中心小游园区位关系

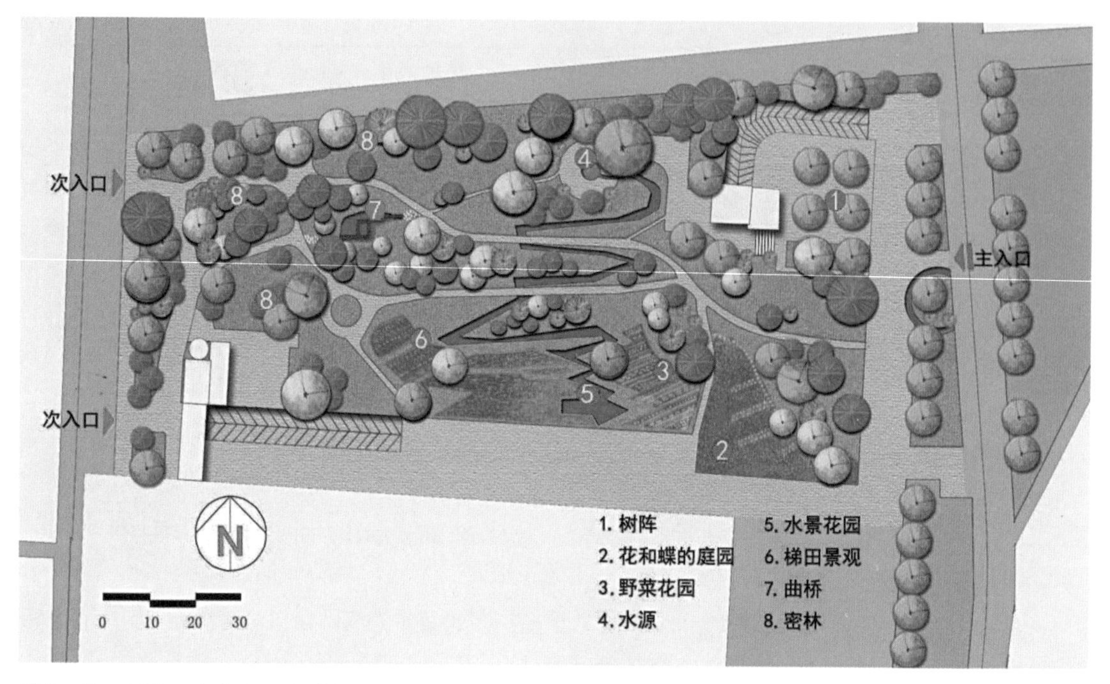

图3-40 新梅田商业中心小游园平面图

化为主。在商业综合体轴线的延伸方向有水景花园，水景花园的两边是几个小型主题花园。茂密的树林成为小花园的背景，树林中蜿蜒曲折的散步道，是人们休闲观景的主要空间（图3-40、图3-41）。

美国纽约Progressive Insurance Campus场地也是一处两端临街的跨街区街旁绿地。设计师在用地北面临近建筑一侧布置了一条直线路径，供人们快速的穿越场地到达另一条街道。而在绿地中则设计了一条宽窄不一、曲折变化的条形空间，供人们漫步和小坐休息用（图3-42、图3-43）。

纽约曼哈顿地区Chelsea Heights居民区的国会大厦广场（Capitol

图3-41 新梅田商业中心小游园活动空间照片

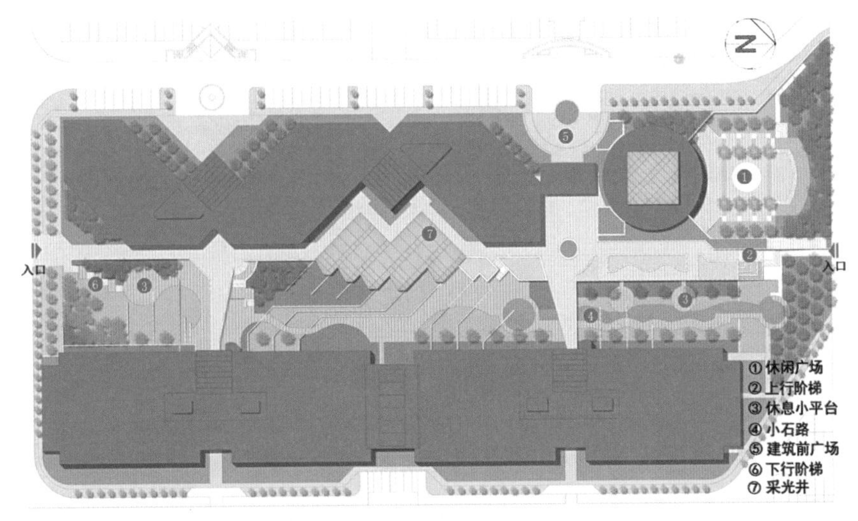

图3-42　美国纽约Progressive Insurance Campus平面图

图3-43　美国纽约Progressive Insurance Campus空间组成

Plaza）也是一个典型的用地狭长的跨街区城市街旁绿地。设计中采用了曲线式穿行路线划分空间的方式，在有限的场地中留出了两块较为完整的空间供市民休息停留，第5章5-4的典例分析中对其做了详细的介绍。

3.6　三面临街的城市街旁绿地空间组织

三面临街的城市街旁绿地兼具街角街旁绿地及跨街区街旁绿地的特点。这类绿地由于三面临近街道因而具有极强的可达性，一般情况下利用率都较高。在空间组织上，应该根据场地所处功能区的不同，以及人们对场地穿越的不同要求，合理安排行走路径，并在此基础上划分出不同的功能空间。

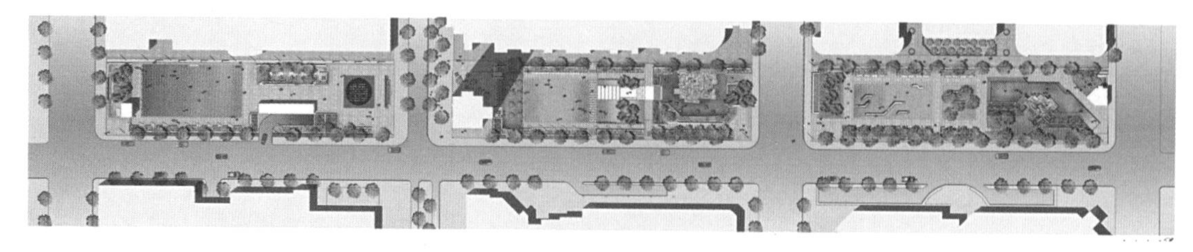

图3-44 美国丹佛市天际线公园（Skyline Park）平面图

天际线公园（Skyline Park）位于美国丹佛市中心，是由三个连续的跨街区的场地组成的街头小公园。这是一个景观改造项目，在托马斯·巴斯莱联合事务所（THOMAS BALSLEY ASSOCIATES）的中标方案基础上，以编织为主题，用横向和纵向脉络串起了新的和原有的景观要素，在此基础上划分出路径和活动空间，并通过段落化的功能空间划分削弱了狭长用地带来的不利。由于场地较为狭长，设计将跨街区的穿行路径与边界的人行道合二为一，并在转角处注意布置了硬质场地，解决了人们切角穿行的需求（图3-44）。在空间组织上，这里既安排了集聚人流的热闹的公共活动空间，也布置有安静的休息空间（图3-45）。

图3-45 美国丹佛市天际线公园（Skyline Park）的功能空间

4 综合运用的空间组织手法

前文中为了行文的方便，将街旁绿地按照不同的服务功能和位置关系特点进行了分类阐述。在实际工作中，街旁绿地的空间组织更加复杂和灵活多样，既有位于街角的公共性街旁绿地，也有跨街区的生活性街旁绿地，需要具体处理的问题也各有不同。因此必须结合街旁绿地的位置特点、服务对象、交通关系、周边建筑风格等具体情况，综合运用多种设计手法来进行空间组织。下面以香港中环的街旁绿地空间组织为例，对这种综合性的设计手法加以说明。

中环是香港的政治及商业中心，在皇后大道附近密集地分布了银行、跨国金融机构及外国领事馆，香港的政府总部、立法会大楼、终审法院，以及前港督府（现称礼宾府）也在附近。在密集的建筑之间由多个城市公园连成了城市的绿色开放空间体系，而其中的遮打花园、皇后像广场、长江公园以及未来将建设的香港西座重建公共游园等，都是非常典型的城市街旁绿地，在设计中综合运用了多种空间组织手法（图3-46）。

香港遮打公园落成于1978年，周围有中国银行大厦、立法会大楼、香港会所大楼和友邦金融中心等。场地分为三个主要的功能空间，即以水体为中心的安静的休息区，以植物为主要景观要素的散步区，以及由弧形廊架和高大的乔木带所围合而成的较为开敞的活动区（图3-47）。水是该空间中的重要景观要素，跌水和小喷泉给安静的空间增加了一丝活跃的气氛，宽大的水池边缘可以为人们提供小坐的休息空间；水池周围密集的植被形成了安静和小尺度的散步道，散步道局部扩大安置座椅供人们工作之余放松休憩；道路转角处是开敞的大空间，平时是休息聊天的场所，节假日则是聚会活动的空间（图3-48）。

香港皇后像广场是中环历史最悠久的公共开放绿地，周围有文华东

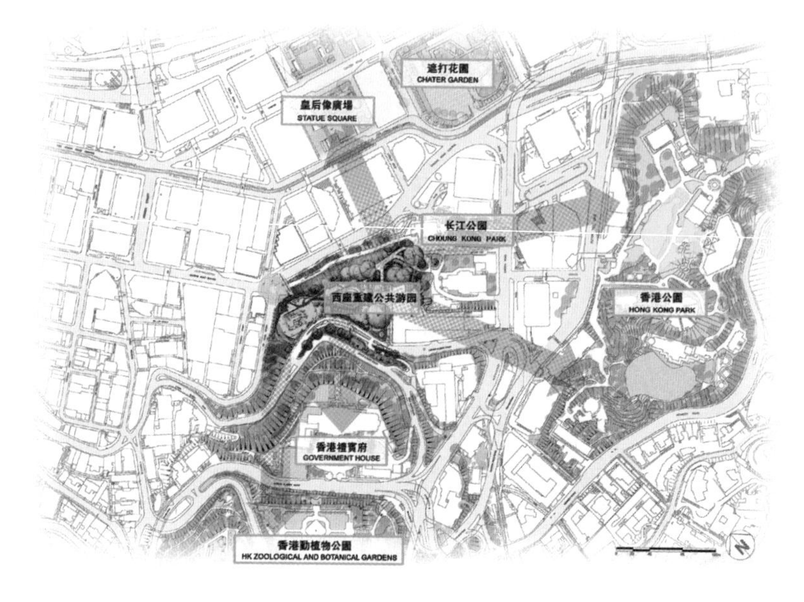

图3-46 香港中环公园绿地分布图

图3-47 香港遮打公园区位及平面图

图3-48 香港遮打公园各功能空间中的不同活动

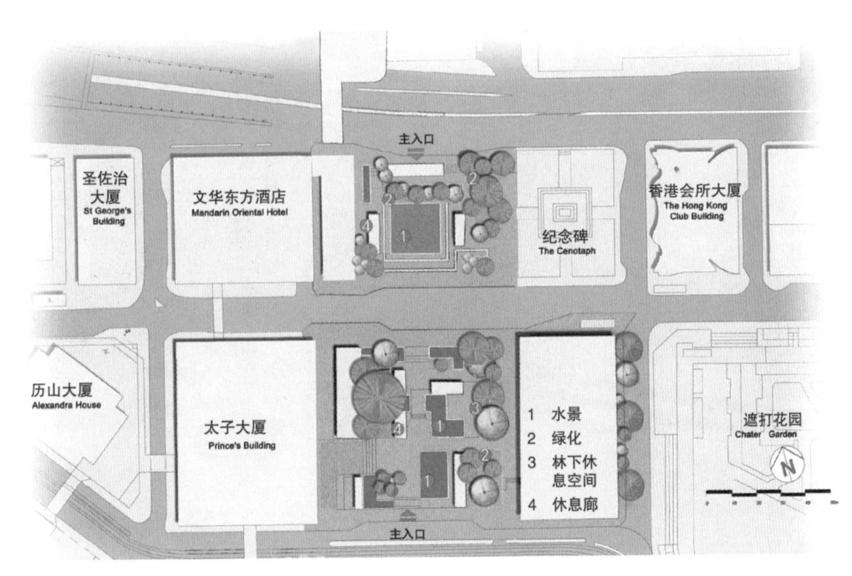

图3-49　香港皇后像广场平面图

方酒店、太子大厦和立法会大楼等，周边建筑功能多为商务办公（图3-49）。场地被一条东西向街道分为两个部分，北部场地中心的方形水池和水池中的雕塑形成了重点景观，周边的休息廊和植被则成为人们休息的空间；南面场地上布置了数个小型的水池和休息廊，这些景观要素将场地分为大小不同的几个休息空间，供不同的群体休息交流使用（图3-50）。这里平时是上班族使用的休息绿地，由于历史的原因，每到周末便成为菲律宾籍人士的聚会场地，他们会在这里聚会、跳舞、唱歌、会朋友、午餐等等；每年的12月，皇后像广场还会举行香港的缤纷冬日节（图3-51）。

图3-50　香港皇后像广场空间组成

图3-51　香港皇后像广场中的各种活动

香港长江公园由长江集团建设，公园北面是长江集团中心大楼，西面是原法国外方传教会大楼，南邻炮台里（battery path），东临花园道。整个公园建在由南向北倾斜的坡地上，南面部分为覆土建筑（图3-52）。公园由两大部分功能区组成，包括西面一条由踏步和跌水组成的人行通道，以及东部大面积的密集的植被组成的休息和散步的空间。西面的通道是这一区域步行系统的组成部分，将长江集团中心大楼、圣约翰教堂、中区政府合署中座、东座串联起来，是人们上班的便捷通道，通道一侧的人工溪流跌水，营造了自然愉悦的氛围（图3-53）。东部的休息区种植了茂密的植物，在东侧设有出入口连接了金钟人行天桥。公园东西部出入口之间有两条弯曲的散步道，步道两旁设有供人们休息的座椅。茂密的植物、起伏的地势、潺潺的水声、湿润清新的空气使这里成为白领们非常喜欢的休息空间（图3-54）。

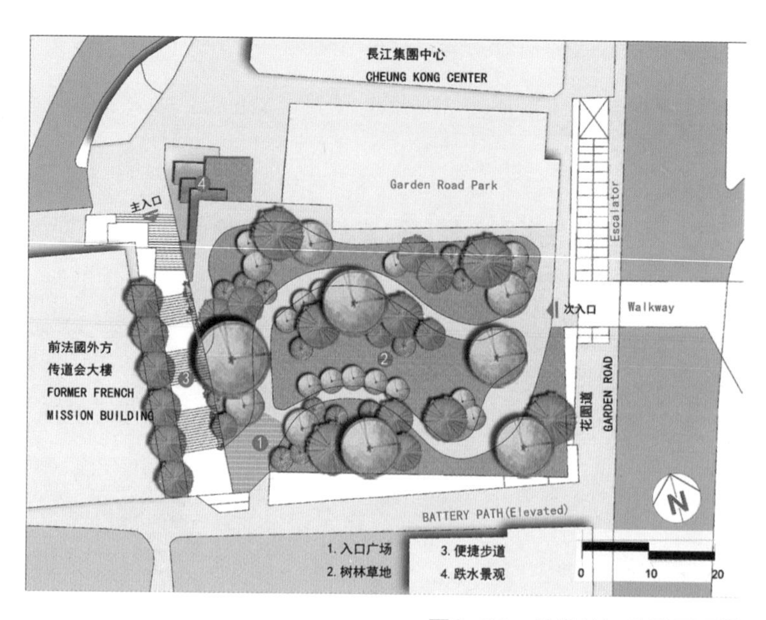

图3-52　香港长江公园平面图

香港西座重建公共游园是香港中区政府“保育中环”的八个保育项目之一，

图3-53　香港长江公园西面通道

图3-54　香港长江公园休息散步空间

即将现有合署内所有办公室迁入新政府总部以后，将历史价值较低的西座大楼拆除，复建公共休憩及商务用地。原西座大楼位置拟建新的高层办公大楼，其余用地共约7600m^{2}建设公共绿地（图3-55）。西座重建公共游园位于这一区域的中心位置，因此，在游园的空间组织中，设计师首先需要考虑的问题就是如何通过组织车行和人行交通，有效地将周边的绿色开放空间，以及各个建筑联系起来（图3-56）。从平面图可以看出，在下亚厘毕道（Lower Albert Road）与场地的交界处以及中座大楼入口处设有地下车道入口，实现了人车分流，使游园中人们的活动完全不受汽车的干扰（图3-57）。在人行空间的处理上，场地北面的设计较有特色。设计师利用北面较大的高差，在标高较低的皇后大道中和雪厂街的交汇处设建筑出入口，通过建筑的垂直交通将人引入游园，同时在不同的标高设人行天

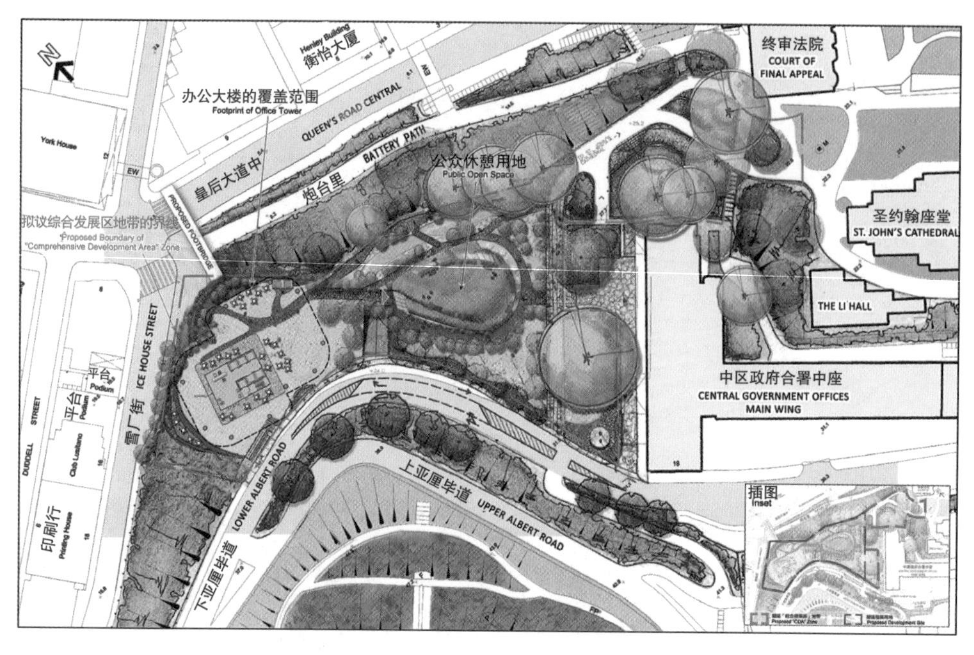

图3-55　香港西座重建公共游园平面图

图3-56　香港西座重建公共游园与周边的关系

图3-57　香港西座重建公共游园人车分流的处理

停车场

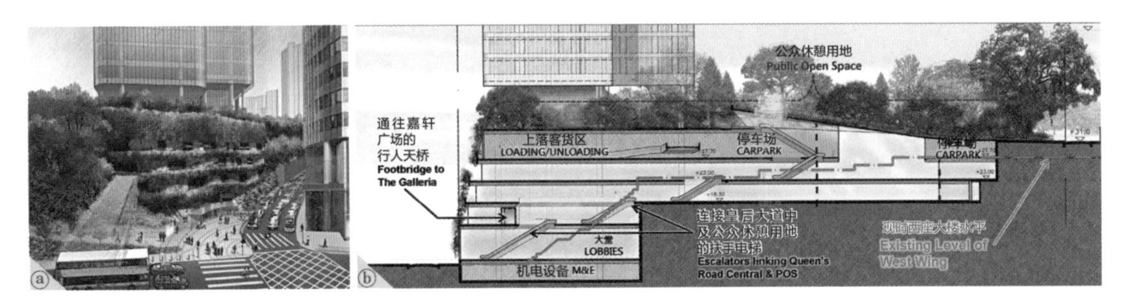

图3-58　香港西座重建公共游园北部入口及竖向交通处理

桥连接北部其他建筑。游园内的散步道延伸到新建的办公楼架空层内，几个方向的接口满足了联系原有步行系统的要求（图3-58）。除人行通道以外，休息空间由保留的大树、新配置的植物和水体组成，大致可分为三部分，即中心椭圆形的草坡、中座大楼前的休息场地以及新建办公楼底层架空休息空间，这些空间今后将是白领们工作之余小坐休憩或中午简单就餐的地方（图3-59）。

不难看出，中环的系列街旁绿地设计中，既包含了商业型和办公型绿地，还兼具有交通型绿地功能，位置上也有临街和跨区等不同类型。设计师在街旁绿地的空间组织上，针对不同的服务对象和功能特点，综合运用了多种空间组织手法，从而创造出了街旁绿地的成功范例。

图3-59　香港西座重建公共游园休憩空间景观示意图

小结

街旁绿地的空间组织是城市街旁绿地设计的重要内容。街旁绿地因所处地区的城市功能以及与街道位置关系的不同，在空间组织上呈现出不同的特点。生活性街区街旁绿地的主要功能是满足居民日常的休闲活动，当用地规模较大时，可利用植物、矮墙等景观要素将相互之间有干扰的活动分开，形成相对独立的活动空间；当街旁绿地规模不足以将各功能区完全分开时，可根据情况划分热闹的动态空间和安静的休息空间；当其规模很小时，在空间组织上则特别要注意复合型功能空间的设置并加强对边缘空间的利用。位于公共性街区的城市街旁绿地有商业型、办公型和交通型等几种，在商业型街旁绿地中可划分出不同规模、不同性质的休息空间，在场地条件允许的情况下，可布置儿童游戏以及满足商业展销、集散等活动的复合型功能空间；在办公型街旁绿地中便捷的穿越通道和安静的休息空间是主要的功能空间；交通型街旁绿地空间组织的重点是要有足够的疏散通道及边缘空间。与街道位置关系不同的街旁绿地的空间组织与人们行走和使用的习惯密切相关，应在具体分析人们活动行为的基础上，根据具体的活动要求划分功能空间。

第四章
城市街旁绿地细节设计要点

在完成城市街旁绿地的空间组织之后，进入到细节设计的环节。由于街旁绿地的规模一般来说都比较小，所以细节设计就显得尤为重要。总的来说，城市街旁绿地的细节设计应遵循以下的原则。

1 城市街旁绿地细节设计原则

1.1 “整体性”的设计原则

由于城市街旁绿地具有“袖珍性”的特点，在不大的设计范围内，景观要素过于繁杂会造成整体环境混乱的感觉，所以在细节设计的时候应特别强调“整体性”的原则，即细节设计应受街旁绿地的定位、整体风格以及整体结构的控制。在将概念转化为形式的过程中，无论是选择景观设计要素还是确定其尺度、材质、色彩等都应从最初的定位及构思要点出发，在确定总体布局形式和风格后，所有的细节设计均应与总体概念相协调，形成风格统一的整体设计。

以Condominium Garden的设计为例，这是一处位于街角的街旁绿地，设计的概念是“植物之被”。即将多种多样的植物栽植在如同被子表面花纹般的硬质景观中，形成美丽却又宁静的色彩和纹理对比。在划分出通行空间和停留休息空间的基础上，设计师采用如被子表面花纹般的形式，将种植坛、座位、水体、小径等细节的景观要素组合到一起，形成整体感极强的设计效果（图4-1）。

1.2 “人性化”的设计原则

城市街旁绿地的主要功能是为人们的休闲活动服务，所以体现人性关怀的细部处理是街旁绿地设计的重点，换句话说就是要在细节设计中遵循

图4-1　体现整体设计原则的细节设计

“人性化”的设计原则，要在细节设计中贯彻“以人为本”的设计思想，充分考虑使用者的需求。这些需求包括生理、心理、情感、生活习俗、文化背景等诸多方面。安全性及实用性是“人性化”设计的最基本要求，其次还包括舒适性、交往需求、情感寄托以及对弱势群体的关注等。在城市街旁绿地的设计中，栏杆的高低、座凳的宽窄、路灯的疏密、垃圾箱的位置、铺地的材质和色彩等等都关乎人性化的设计，可以说，“人性化”的原则体现在城市街旁绿地细节设计中的方方面面。

2 城市街旁绿地主要细节设计

在城市街旁绿地的细节设计中，比较重要的细节设计包括：边界设计、设施与小品设计、铺装设计、种植设计和无障碍设计等等。

2.1 边界设计

城市街旁绿地的边界设计是指场地与街道交接的带状空间的处理。街旁绿地通过边界与城市发生联系，无论从视觉景观效果还是人们的使用上来讲，边界设计都有重要的作用。

城市街旁绿地的边界空间具有多重功能及作用：首先，边界空间具有分隔、阻挡的作用，可保证街旁绿地的独立和完整性；其次，边界空间与街道和道路联系，可满足街旁绿地的可达性和与周围环境景观相协调的要求；第三，依据环境行为学研究中的“边缘效益”理论，边界空间还可形成受人们欢迎的停留空间。

因此，下文将分别从分隔、联系及景观要素的综合应用等方面对边界设计进行阐述。

2.1.1 分隔性边界

由于街旁绿地所处街区功能的不同，街旁绿地与街道和道路之间的分隔强度会有差异。例如位于生活性街区或商业步行街旁的街旁绿地，场地与街道一般较为紧密，边界分隔的要求较低，而位于繁忙车行交通干道旁的街旁绿地，则需要通过加强边界分隔来减少车辆交通以及噪声、尾气和灰尘等对绿地的干扰，因此对边界分隔的要求较高。

边界的分隔强度与分隔的方式、材料以及尺度等因素密切相关。边界设计中最常用的分隔方式是围合及高差变化，围合的元素有花坛、绿化带、水体、围栏等。在设计中，分隔方式及要素可单独使用，也可根据场地的具体情况综合使用，形成更为丰富的边界景观。

（1）花坛

花坛是限制性较强的分隔元素，结合植被的合理配植可以较好地控制人流和隔绝不良景观。花坛的高度一般在300~700mm之间，边缘做适当的处理可兼顾座凳的功能，视具体要求的不同，可形成双侧边缘加宽和单侧边缘加宽的花坛。花坛的线形多种多样，分为直线、折线或曲线形（图4–2）。兼具座凳功能的花坛边缘宽度在300~500mm之间为宜，常用的尺度为450mm，高度则在400~500mm之间较为合适。

花坛形式、材质和色彩的组成十分丰富，在形成较为强制性的边界

图4-2　不同形式的花坛边界

的同时，可以提供休息的空间，并增强城市街旁绿地的景观效果。以深圳地王大厦前带状绿地的边界处理为例，带状绿地与街道之间由花坛分隔，由于用地存在高差，花坛两侧高度相应做出变化，并在色彩上运用了橙黄色和灰色。花坛的造型和色彩的处理为街旁绿地增添了景观效果（图4-3）。

（2）绿化带

绿化带是最为常用的分隔元素，形成街旁绿地边界的分隔绿化带，其隔离的强度可随植物配植的不同而产生变化。当需要较强的阻隔时，可选择枝叶茂密的高灌木形成绿篱，起到阻挡人的视线和行为的作用；而在需要保证视线开敞同时又能控制人流的边界则可利用乔木和地被、草坪以及

图4-3　深圳地王大厦街旁绿地边界设计

低矮灌木进行搭配，也可以以乔木结合起伏的地形等方式，形成让人舒心的绿色柔性边界（图4-4）。

绿化带的形式可以是以直线为主的规则式，也可以是以曲线为主的自由式。不同的形式结合不同种类的植物配植，可形成或简洁或丰富的不同景观效果。以香港某小游园为例，边界采用了自由曲线的绿化种植带的模式，结合自由的线性，通过整形灌木以及蜘蛛兰、花叶良姜以及朱蕉等不同肌理和色彩的灌木和常绿小乔木的配植，形成了柔美的绿色边界和郁郁葱葱的景观效果（图4-5）。

（3）水体

水体作为街旁绿地的边界，可起到既限制人流，又保持视线通畅的作用。水有静态和动态之分，静态水面一般处理为带形，其形状要与街旁绿地的整体风格协调。静态水面可以倒影周围的景观元素，有利于形成安静的氛围。动态水景如涌泉、壁泉、叠泉、喷泉等可以形成欢乐活泼的边界景观，同时水流的声音还可以掩蔽街道的噪声，利于形成怡人的环境氛围（图4-6）。

作为绿地边界的水体，既可单独使用，也可和植物、地形、小品等景观要素结合使用。水体与其他景观元素组合使用，可以使边界的分隔作用得到进一步强化。以深圳华侨城某街旁绿地为

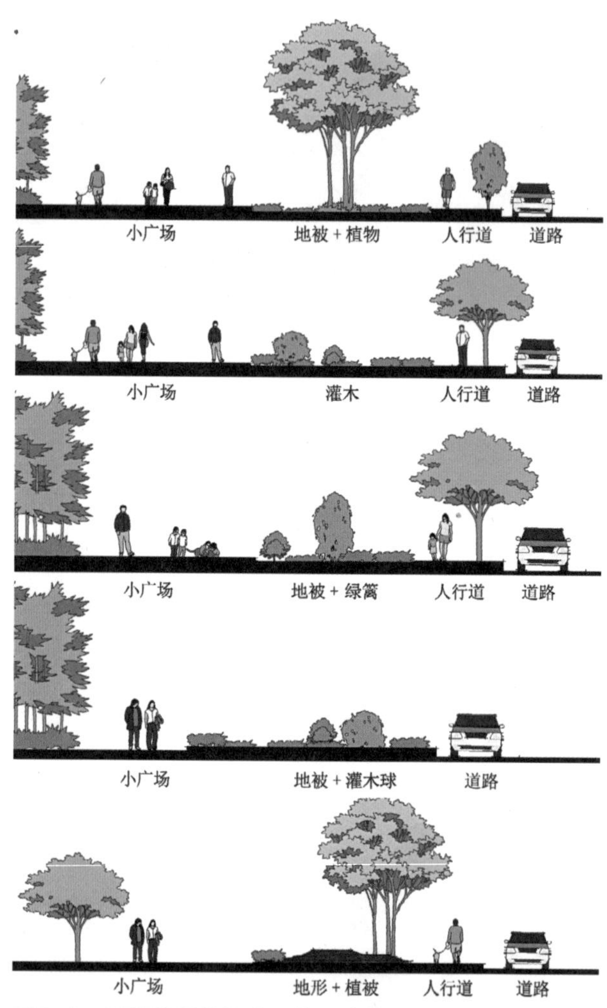

图4-4　不同类型的植物配植形成的景观层次丰富的绿化带边界

图4-5　香港某小游园曲线形的绿化带边界

图4-6　水体边界是活跃气氛的元素

例，该绿地在深南大道旁，与道路有近6m的高差，设计中将地形与动态水体结合，形成了限制性较强的边界（图4-7）。而日本新梅田中心街旁绿地的边界将水体和绿化种植带结合，带状的水体通过曲线分台，结合点缀的小雕塑，形成了艺术性较强的边界景观（图4-8）。

（4）围栏

围栏包括矮墙和栏杆，是限制性较强的分隔元素，常用的材质有木材、石材、金属、玻璃、玻璃钢等。一般情况下，其高度宜控制在0.9~1.5m。高度过低不仅起不到分隔的作用，还可能因诱导人跨越而引起

图4-7　深圳华侨城某街旁绿地边界

图4-8　日本新梅田中心街旁绿地边界

图4-9　各种形式的功能性栏杆

对绿化的破坏和伤人的事故，高度过高则干扰游人的视线并引起心理的不快（图4-9）。

图4-10　美国纽约的切尔西地标小游园边界设计

除满足功能性的需求外，作为线型景观要素的围栏，在设计上应注意与街旁绿地的整体协调性，围栏的高度、材质、图案和色彩应与街旁绿地总的设计风格相统一。以美国纽约的切尔西地标小游园（Chelsea Landmark）的边界设计为例，为了形成安静和自然的氛围，完全屏蔽外界的视线和噪声的干扰，设计者选用了密集排列的、高高的白桦树干，结合植物的配植，形成了完全封闭的、体现自然景致的特殊边界（图4-10）。美国唐纳德溪水公园的围栏处理也富有特色，这是一块位于波特兰繁华街区的工业废弃地，设计师利用旧铁轨的构架与玻璃穿插，形成围栏，既保证了场地内部安静自然的氛围，又体现了工业文化的历史背景（图4-11）。

图4-11　美国唐纳德溪水公园边界设计

（5）地形高差

此外，当场地存在高差时，利用高差变化形成边界也是可行的方式之一。根据街旁绿地与道路高差的不同的关系，可形成凸起式和下沉式的边界。在利用高差变化形成边界的设计中，应特别注意高差变化的尺度。为了满足街旁绿地的可达性，场地与道路的高差宜控制在1.8m以内，当高差超过这一数值时应做分台处理，否者过高的高差会形成视线和行为的阻碍，从而降低了街旁绿地的使用效率，高差过大也会形成对道路或街道的压迫感（图4-12b）。

2.1.2　联系性边界

联系性边界是指可以从外部进入街旁绿地的边界处理方式。联系性边

图4-12　利用高差变化形成边界应注意尺度感

界可分为点状和带状两种形式，点状即我们平时所说的出入口，带状则是指与街道相邻的带状开放空间。在城市街旁绿地联系性边界的设计中，首先应根据需要选择适合的形式。当街旁绿地邻近繁忙的交通，车流和人流对绿地内的活动干扰较大时，应选择在适当的点设置出入口；而当街道交通对绿地干扰较小，同时又希望将人流引入场地时，可以将边界设计成带状的开放空间。

在城市街旁绿地出入口的设计中，如果位置、数量及引导方式等选择不恰当，会大大降低街旁绿地的可达性，其使用效率也会由此受到很大的影响。因此，在设计街旁绿地出入口时，应首先根据场地周边的道路情况，确定人流的来向，在人流主要方向设置出入口。出入口数量与街旁绿地的规模、绿地内部道路及空间的安排、人们的行走距离以及周边建筑的布局和性质等有较大的关系。同时，街旁绿地出入口要有一定的标识性和引导性，一般情况下可通过适当扩大入口空间、变换入口铺装材料、配置作为视线焦点的植物、景石，设置大门构筑物、设置水景等等方式加以强调。如图4-13所示的位于日本东京的毛利庭院，在入口处理上，采用了设置小广场、放置雕塑等形式来增强入口的引导性。在香港长江公园的入口设计上，则利用了跌水、植物配植、置石、墙体、标识引导等方式加强了入口的引导性（图4-14）。

另外，出入口往往是人流集散的场地，因此如果场地规模允许，还可以在主要出入口的小广场边缘，结合座凳、花台等休息设施，提供满足人

图4-13　日本毛利庭院的入口处理

图4-14　香港长江公园入口处理

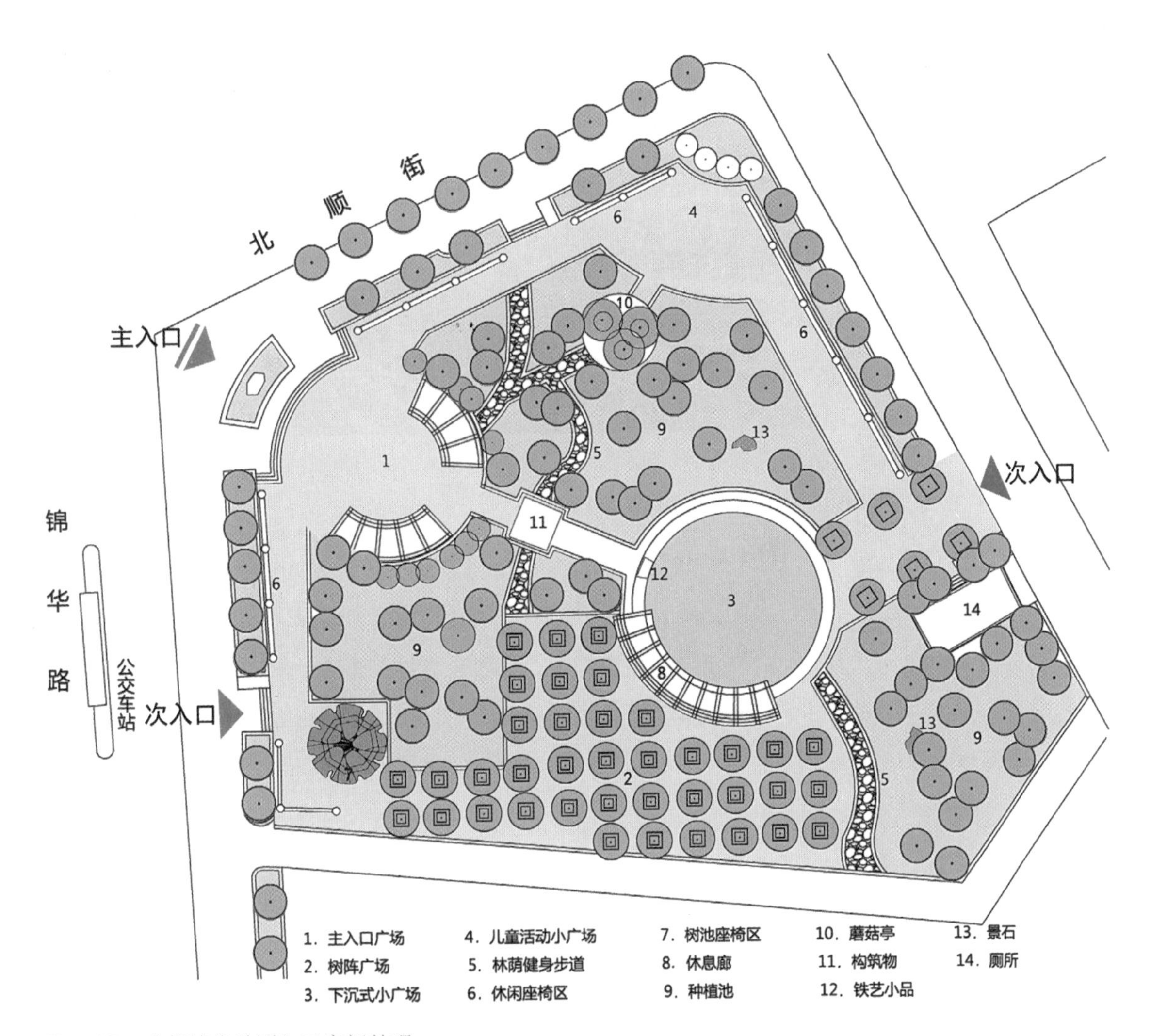

图4-15　成都锦华游园入口空间处理

主入口扩大以吸引和集散人流，入口广场边沿设置花架形成休息停留空间。

们短暂停留需求的休息空间（图4-15）。

城市街旁绿地的另一种联系性边界为带状开放空间，这类空间加强了场地与街道之间的联系，同时作为场地内外的过渡，为人们提供了另一种空间选择。常用的带状开放空间的形式包括带型的树阵、台阶、廊架及草坪等。如美国唐纳德溪水公园的另一个边界，则是利用通长的台阶结合草坪，形成了可供人们小坐休息的、开放性的边界空间（图4-16）。

图4-16 美国唐纳德溪水公园的带状开放边界

2.1.3 边界设计中景观要素的综合应用

在实际工作中，街旁绿地的边界设计要根据用地的具体情况做出具体处理，因此往往具有多样化的特点。所谓多样化一方面是指构成边界的景观要素丰富，各景观要素之间的关系灵活多变，另一方面，是指边界具有多重性、复合性的功能特征。

下面以几个实例对街旁绿地边界设计中景观要素的综合应用进行阐述。

（1）重庆铜梁玉泉公园

重庆铜梁玉泉公园位于铜梁新城入城大道旁，用地呈三角形，属于位于街角的城市街旁绿地，场地有两条边界与道路相邻，北侧为过境公路——铜合路，东侧为入城大道——金龙大道。场地北侧与道路标高一致，而东侧为自然的山体，场地与道路存在较大的高差（图4-17）。

玉泉公园设计的目的是形成新城入口标志性景观，满足市民休闲活动，尽可能保护现有自然环境。基于这样的考虑保留场地内的山体，同时考虑在道路的两侧形成具有吸引力的景观。

在边界设计中配合山体的自然景观，在金龙路旁利用了挡墙、花台、塑石和植物结合的方式，打破生硬的交接边线，形成自然活泼的边界景观（图4-18）。而场地的北面与道路标高相同，可达性较好，因此在过街横道线处分别设置了两个出入口，同时考虑到过境路上车行速度的视线要求，布置了15~20m宽的植物种植带，通过大色块的植物配植形成层次丰富的景观效果（图4-19）。

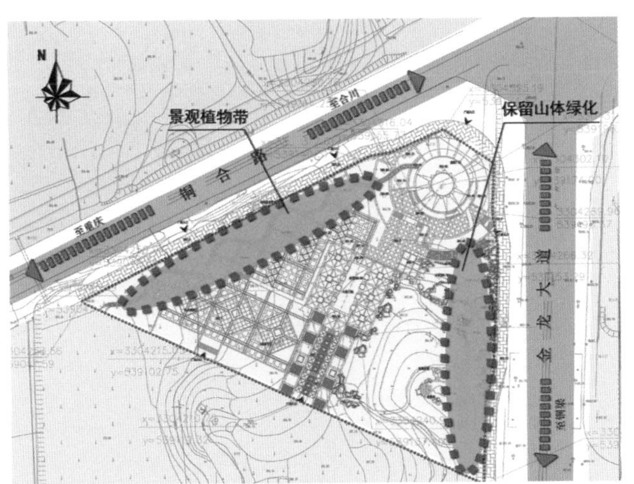

图4-17　玉泉公园边界的不同处理

图4-18　东部边界景观效果

图4-19　北部边界的植物种植带设计

（2）克利夫兰Perk park公园

美国克利夫兰的Perk park公园位于商务及居住混合区，场地呈正方形，三面临城市道路，场地与道路之间存在细微的高差。场地设计的目的是改变以前没有人气、毫无生趣的现状，使其成为周边的上班族和居民喜爱的休闲场所。基于场地的现状，设计师提出的构思是"森林和草地"，即利用场地现有的树林形成安静的林下空间，场地的另一部分则是开敞的草地（图4-20）。在这样的构思及整体结构的控制下，场地的东西和北部分别以花坛、座凳、列置的庭院灯以及变换了色彩的铺地共同形成供游人休息停留的边界空间，并利用踏步联系场地内外人流。场地的南部设置了一个通长的红色顶盖廊架。这一景观要素在界定了空间的同时，又在边界形成了休息停留的场所，同时也完善了场地的整体性（图4-21）。

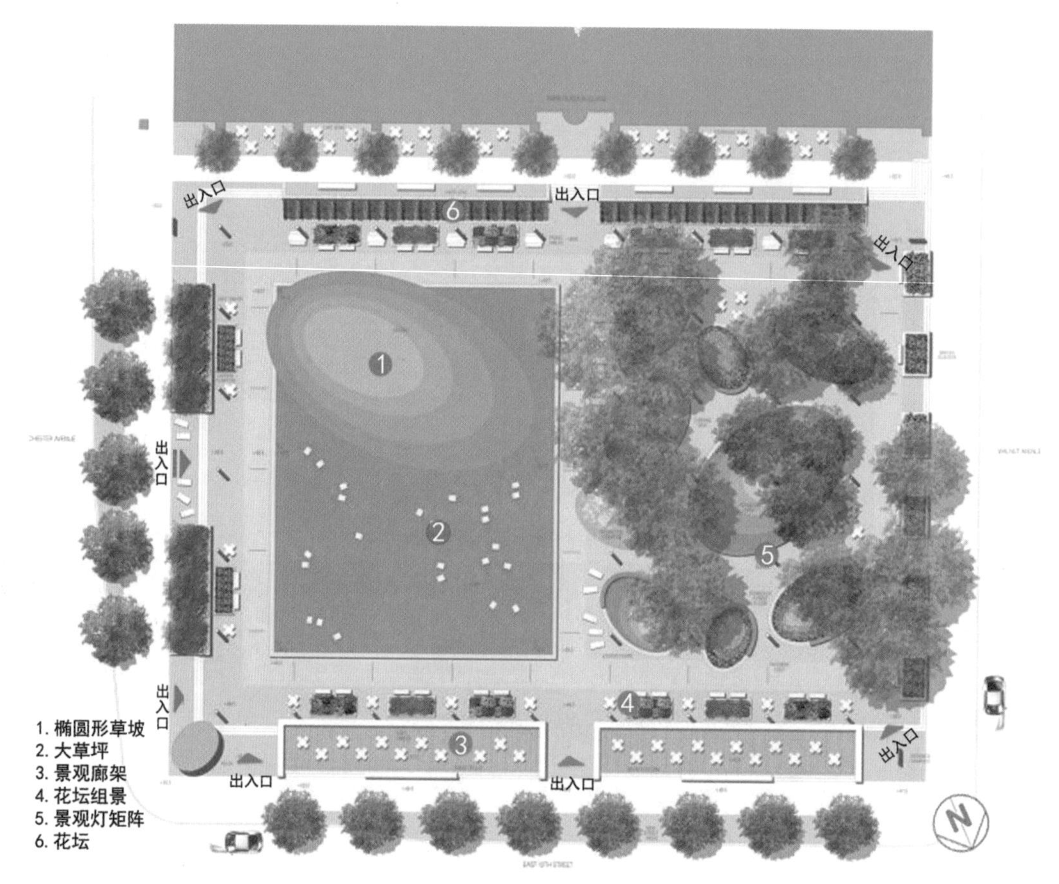

图4-20　美国克利夫兰Perk park公园平面图

图4-21　美国克利夫兰Perk park公园边界处理

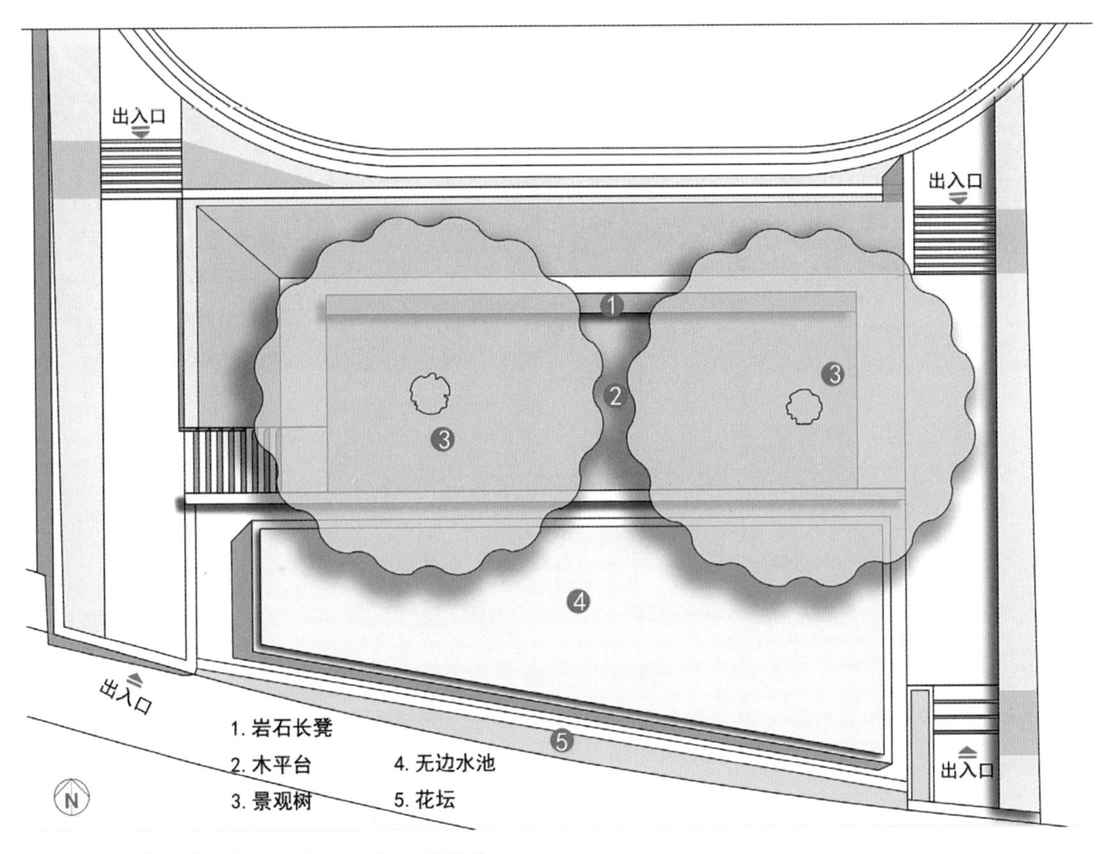

图4-22　黎巴嫩贝鲁特的“广场四”平面图

（3）贝鲁特“广场四”

黎巴嫩贝鲁特的“广场四”项目位于Weygang街，这是一条通往刚刚重建的城市中心的街道。“广场四”位于街道的始端，是新城的门户。场地面积815m^2，呈梯形，一面临城市道路，道路有较大的坡度。

场地周边有保留的清真寺和新建的住宅，场地设计的目的是为繁忙的城市提供一个充满绿色、树荫和宁静的避风港。两棵古老无花果树是场地设计的重点，围绕无花果树设置了水池、木质平台和条形的石凳（图4-22）。

无边水池既是主要的景观要素，同时又是场地的边界。在临城市道路一面，跌水和花坛组成了分隔性边界，水池的两端布置了开口，分别有台阶和坡道将人流引入场地。水池倒映出周围的景色，丰富了景观层次，扩大了空间效果，柔和的流水声更衬托出了环境的静谧（图4-23）。

（4）剑桥城的滨河公园

美国马赛诸萨州剑桥城的滨河公园（Riverside Park）位于查尔斯顿

图4-23 黎巴嫩贝鲁特的“广场四”无边水池

河附近的生活性街区，场地呈长方形，三面临城市道路，一面临居住区小路，场地位于坡度不大的坡地，道路与场地间有细微的高差。

场地设计的目的是充分利用滨河的景观优势，为滨河社区提供新的、可以满足居民不同休闲活动的开放空间。设计师通过使用者的行为分析确定场地路径，并以此划分出儿童游戏区、中心活动场地、安静休息区、迷宫等功能空间（图4-24）。

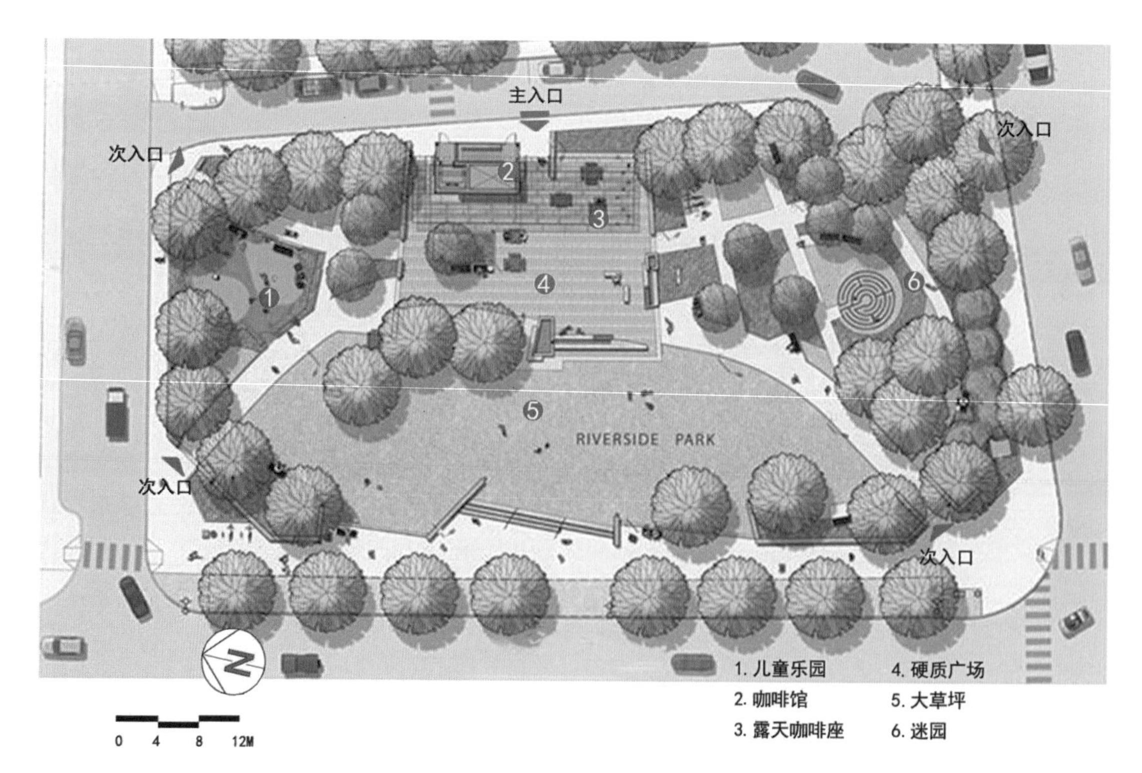

图4-24 滨河公园（Riverside Park）平面图

图4-25　滨河公园（Riverside Park）南部边界处理

图4-26　滨河公园（Riverside Park）北部边界处理

场地南北边界的处理较有特点。场地南面朝向查尔斯顿河，有良好的景观资源，大面积的草坡和台阶相结合的设计，形成了开敞的边界空间，是人们休息和自由活动的场地，同时还可形成朝向河岸的景观视线（图4-25）。北面靠近住宅，除了以绿化隔离场地与道路外，通过廊架界定出主要出入口和供人们停留的带状空间，这也是中心硬质铺装活动场地的“边缘空间”，所以深受使用者的欢迎（图4-26）。

2.2　设施与小品设计

城市街旁绿地中的设施和小品的设计直接关系到人们对街旁绿地的使用，设施和小品设计是街旁绿地细节设计的重要内容。城市街旁绿地中的设施和小品主要有：休息设施、服务设施、健身游戏设施、照明设施、小品和其他设施等。

2.2.1　休息设施

小坐是户外空间发生频率最高的一类活动，因此，可供游人就座的休息空间设计合理与否，往往成为评判户外空间设计是否成功的重要标准。无论哪一类城市街旁绿地，小坐休息都是其中最基本的活动，在有良好休息空间的前提下，阅读、观景、聊天、下棋、晒太阳、人看人等活动才可能发生。

图4-27 各种“基本座位”

图4-28 各种“辅助座位”

由此可见，如何提供适当的休息空间和设施是城市街旁绿地人性化细节设计的重要环节。

（1）休息设施的类型

在城市街旁绿地中，可供休息的就坐设施可以分为两类，一类是专门为使用者设计的凳子和椅子，这类休息设施被称为“基本座位”（图4-27）。还有一类是可以兼顾就坐功能的台阶、花坛、梯级、基础、矮墙、栏杆等等，这类设施被称为“辅助座位”（图4-28）[1]。基本座位供较长时间停留的游人使用，一般情况下可与休息亭、廊、花架、张拉膜等其

---

① 杨.盖尔 交往与空间[M] 何人可 译 北京：中国建筑工业出版社 1992 第149页

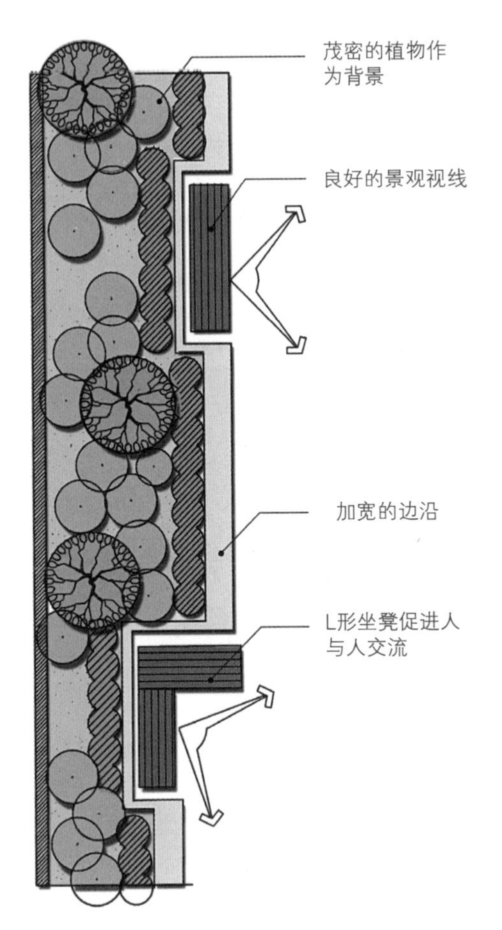

图4-29 场地边缘的座位受欢迎

图4-30 路边座位后退出缓冲空间

他园林小品结合，这类座位一般占据最适于休息的空间，座位的造型设计和材质选择都要有较好的舒适性。而辅助座位一般供人们短时间、暂时性的停留，是对基本座位数量不足的补充。在街旁绿地的设计中应注意这两种不同类型的休息设施的合理搭配，以达到既满足不同容量的游人的需求，又不造成座位闲置浪费的情况。

（2）休息设施的位置及环境

在街旁绿地休息设施的设计中，座位的位置选择和就坐空间小环境的营造也非常重要，位置选择不当或小环境恶劣的座位，会因为无人使用而造成浪费。因此，在设计中首先应根据使用者行为规律，并结合场地的功能分区和流线组织，确定座位的基本布局。其次，应遵循选择座位的一般心理要求，营造良好的就坐小环境。

根据“边缘效益”理论，人们往往喜欢选择场地的各类边缘空间停留，这样既可满足“人看人”和“人看景”的需求，又因为背后有依靠而具有安全感，在街旁绿地中，视线开敞的、有可观赏景观的边缘空间是安排座位的最佳位置，这包括入口、休闲小广场、游戏健身等场地的边缘或转角处，步道沿线，建筑山墙所形成的场地边缘等（图4-29）。

当座位布置在街旁绿地步道沿线时，值得注意的是道路的尺度问题。研究表明，当道路宽度小于1.2m，在道路旁设置座位不仅影响通行，同时，通行的人流也会对就坐者形成很大的干扰和威胁。因此，为了不影响通行，以及考虑就坐者的心理需求，在步道沿线布置座位时，最好考虑位置后退以留出足够的空间，以形成缓冲（图4-30）。

图4-31 营造舒适的就坐小空间

营造良好的就坐小环境就是要在保证就坐空间安全的前提下，提高其舒适度。对于街旁绿地的小坐休息空间环境来说，舒适度最重要的是有良好的微气候环境，即在夏天有阴凉、冬季有阳光，无噪声、灰尘的困扰等。例如为了营造舒适的林下就坐空间，设计师可以考虑在座位区周边配植落叶乔木，这样在炎热的夏天可提供阴凉的树荫，在寒冷的冬季可保证阳光的照射。而当座位周围无法栽植时，可考虑设置花架、廊、亭等设施以供人们遮风避雨，以形成良好的就坐环境（图4-31）。

（3）休息设置的形式

在街旁绿地中人们就座的行为是多种多样的，有不愿被人打扰的独坐，有两个人的窃窃私语，有几个人的聊天，还有下棋、打牌等活动。为了满足不同活动的需求，在座位形式的设计上也应做到多样化。一般情况下，凹型的、向心型的座位适于交谈，凸型的、背对圆心方向的座位适于独坐、观景，直线型的座位则适合独坐和3人以下交谈，而经过特殊设计的折线或曲线的座位可以满足多种要求（图4-32）。因此，条形座凳、圆

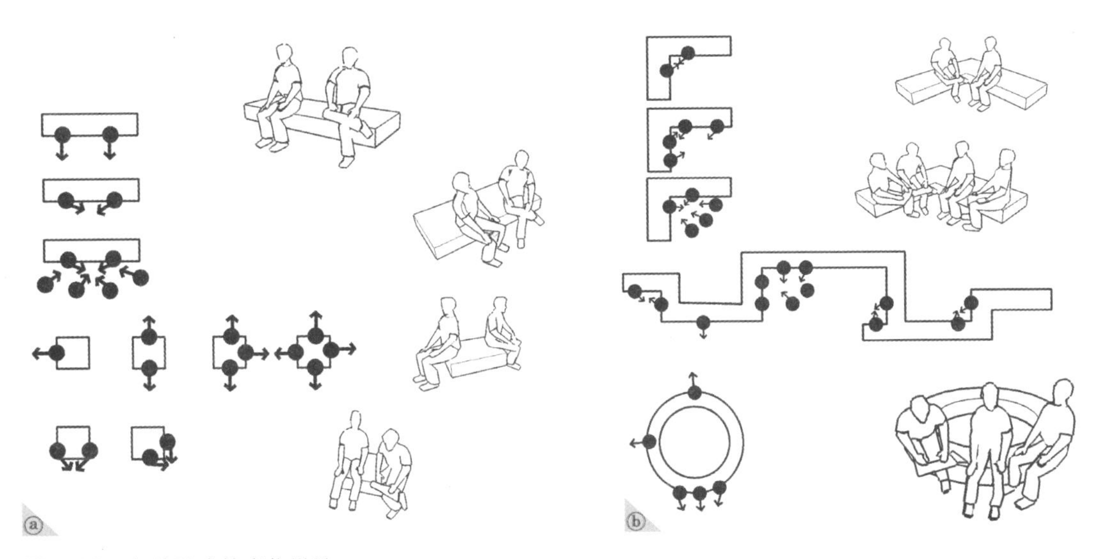

图4-32　各种形式的座位设计

形或方形的花坛等适于不愿被人打扰的人群，而在人们交谈等交往活动较多的空间里则应多布置凹型的座位。另外，带桌子的座位也有特别的作用，如在商业型街旁绿地中，带桌子的座位与售卖亭等服务设施配合可形成惬意的休息空间，而在生活性街旁绿地中，则可满足棋牌爱好者的需求。此外，可旋转和移动的座位可以满足人们不同的使用需求，例如法国巴黎拉维莱特公园架空步道下可360° 旋转的座椅，人们可以全方位观赏周围的景色，也可选择相对而坐，倾心交谈（图4-33）。

图4-33　拉维莱特公园中可360°旋转的座椅

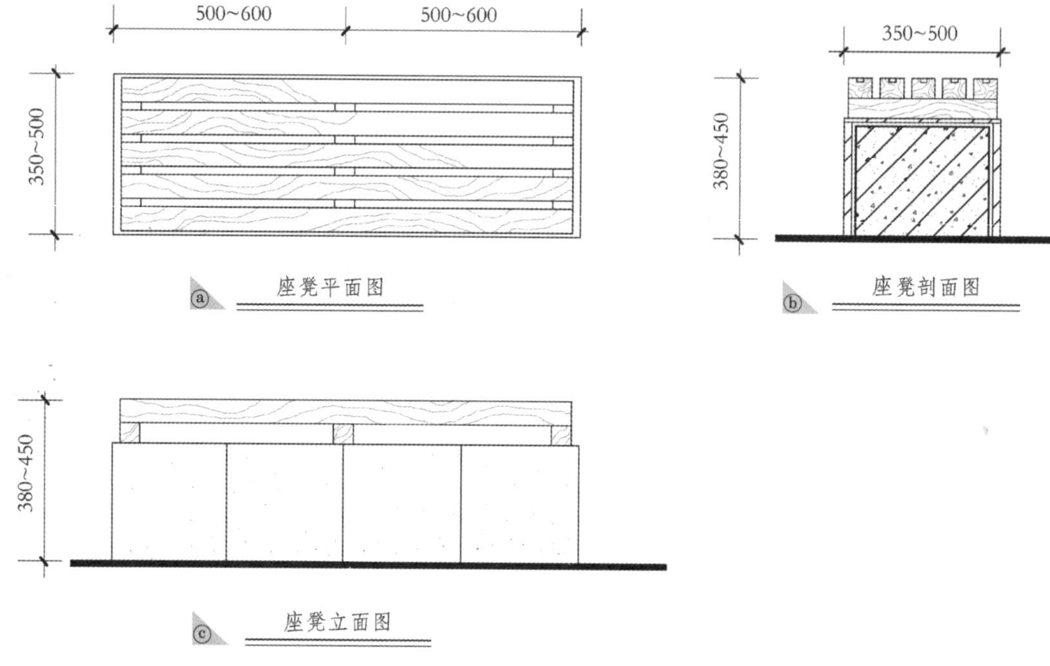

图4-34 座凳的尺寸应满足基本的人体工程需求

（4）休息设施的尺度及材质

在户外空间中比较舒适的座位高度为380~450mm，宽度在350~500mm之间。一般情况下，供1个人就坐的座位长度为500~600mm。城市街旁绿地的座位类型和形式多种多样，但无论哪种座位，为了满足人们的正常使用，均应按以上标准控制尺度（图4-34）。

户外空间中座位的材质也非常丰富，包括木材、石材、混凝土、铸铁、钢材、玻璃钢、塑料等。在城市街旁绿地中，最常用的有各种木质座椅、条石、花岗岩等（图4-35）。

2.2.2 健身游戏设施

随着人们生活水平和健康意识的提升，对各种健身活动空间的需求也相应增加，户外的健身游戏空间受到更多关注。城市街旁绿地，尤其是位于生活性街区的街旁绿地，是市民最容易到达的户外公共活动空间。在街旁绿地中设置适当的健身游戏设施，不仅可供老年人健身、中青年人运动、儿童游戏，还可通过丰富的活动达到促进交往，增加居民间的交流与了解，实现建设和谐社区的目的。

图4-35　各种材质的座位

城市街旁绿地健身游戏设施的设计应满足使用复合性要求，布局合理性要求以及安全与耐用性要求。

城市街旁绿地的规模在几百平方米到一两公顷之间，不同规模的街旁绿地在健身游戏场地的布置上有较大的差别。规模较小的街旁绿地不宜安排用地面积大的专用运动健身场地和设施。因此，在设计中应注意合理地利用入口广场和较开敞的平地，以及林下小空间设置健身器材和运动设施。这样在不同时间段，可分别满足人们打太极、跳舞、滑旱冰、练器械等活动需要。

以成都武侯区高升桥小游园为例，这一游园位于街角，面积不到3000m^2，整体布局较为自由，以绿化为主，没有设置专门的运动场地，健身区位于场地北部的林下空间，主要利用硬质场地的边缘空间放置健身器材，这一场地同时具有通行、休息、健身等多种功能（图4-36）。

规模较大的街旁绿地宜做适当的功能分区，可根据具体情况设置羽毛球、篮球、乒乓球等专用运动健身场地和设施。另外还可布置健身广场、器械健身设施区和专门的儿童游戏区。以美国加州奥林达社区公园为例，

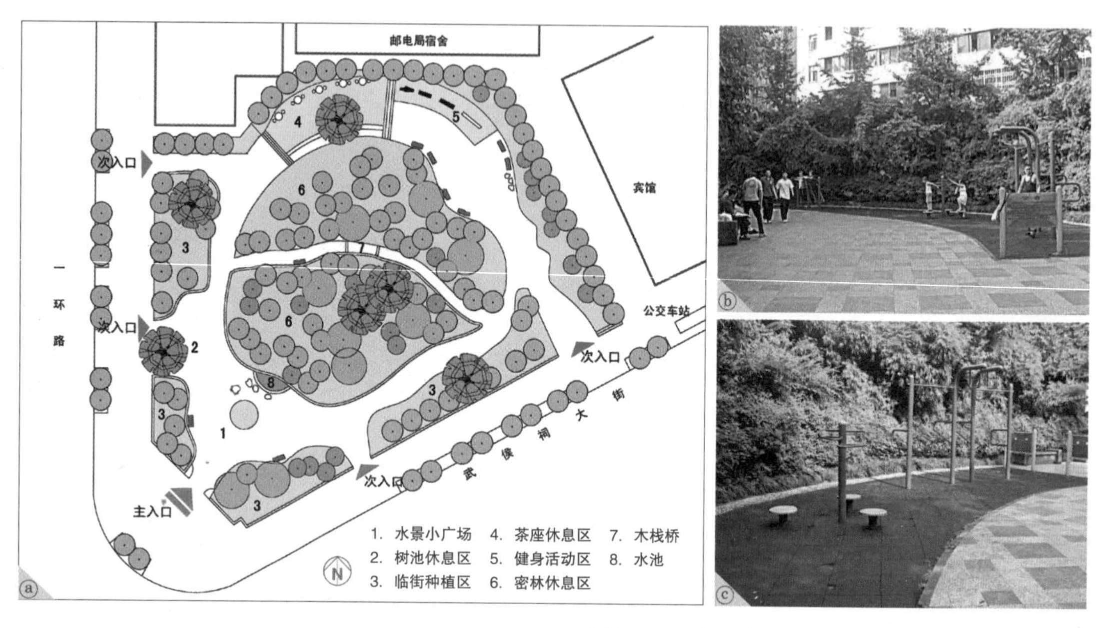

图4-36　成都武侯区高升桥小游园健身设计布置

该城市街旁绿地面积1hm^{2}左右，规模较大，在平面布局中安排了专门的羽毛球运动区和儿童游戏区，布置了羽毛球场、网球训练墙以及各种儿童游戏设施（图4-37）。

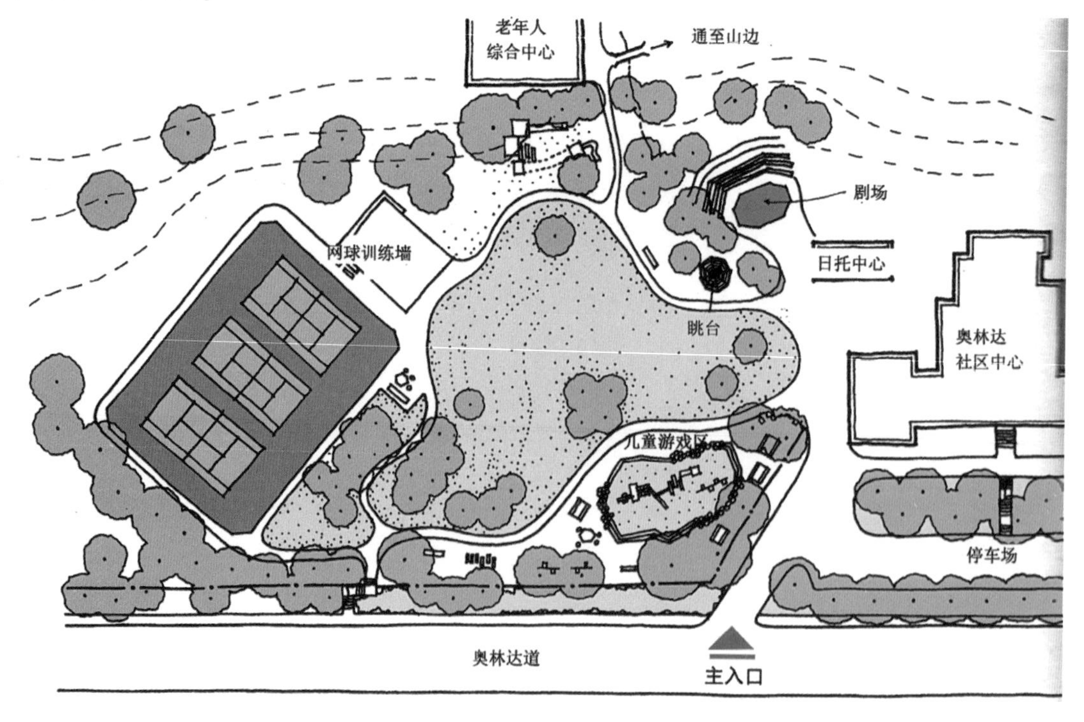

图4-37　美国加州奥林达社区公园平面图

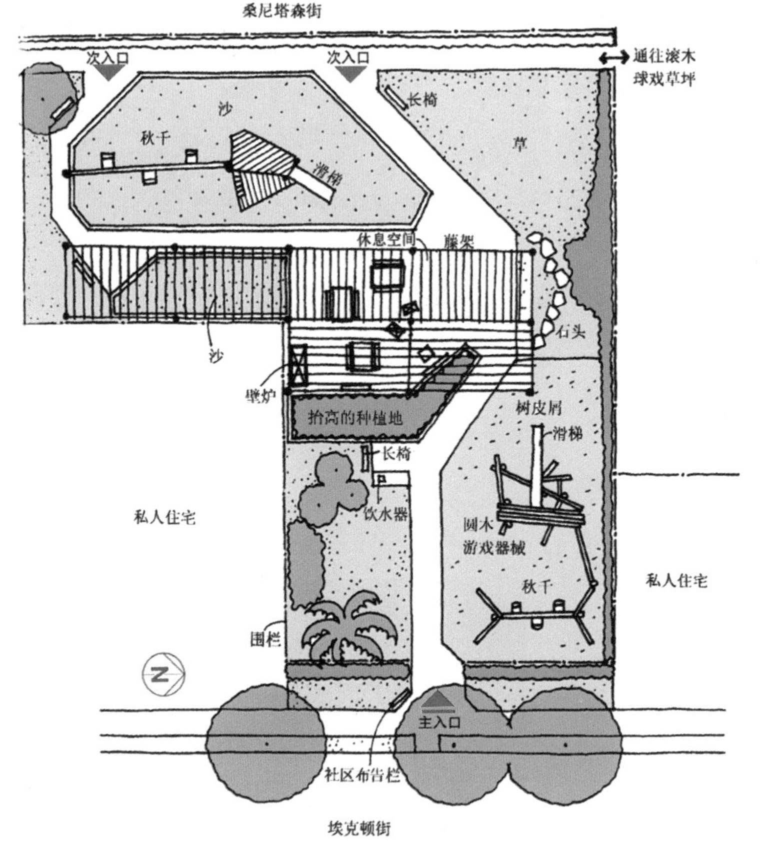

图4-38　儿童游戏场地旁可设置休息空间

街旁绿地中的健身游戏活动常常会对场地周边的居民造成一定影响，同时场地内部及其周围环境的地形、微气候等因素也会对场地中的活动造成影响。因此，健身游戏设施的位置选择是人性化细部设计的重要内容。总的来说，健身游戏设施宜布置在阳光充足、通风良好、地形较为平坦的地块，同时还应有适当面积的遮阴空间。

一般情况下，群体性健身活动，如跳舞、打篮球等，有较大的噪声，宜远离居住建筑主朝向面，可选择靠近道路朝向建筑山墙面的边界区域，这样既有良好的可达性，又可避免对其他人造成干扰。从安全性考虑，儿童游戏场地的位置应远离城市车行道路，可靠近住宅的山墙或人行支路。器械健身场地一般与入口或其他休闲广场结合布置，健身器材一般适于布置在广场的边缘，结合树荫、座凳等环境形成良好的健身空间。

为保证使用的安全、方便和环境的舒适，健身游戏设施的周围应留出一定的缓冲空间，用以布置绿化、休息、观看等设施。儿童游戏场地旁应有家长休息、交流的空间，以便于对儿童的监管照顾（图4–38）。

与居住小区和大型的城市广场相比，街旁绿地后期的管理和维护力度相对较弱，因此，一般宜选用经久耐用的健身游戏设施，如乒乓球台可以选用石材砌筑，儿童游戏设施也应避免选用需要投入大量人力进行管理的项目。混凝土组合游戏器具、游戏墙、滑梯、攀登架、精心设计的起伏变化的地形等都是街旁绿地儿童游戏常见的设施（图4–39），而在幼儿园和

图4-39　街旁绿地中的儿童游戏设施

居住小区中最常见的沙坑和戏水池则不太适用。

2.2.3　服务设施

服务设施是城市街旁绿地的基本组成部分，为了保证街旁绿地的正常使用，服务设施必不可少。城市街旁绿地中较主要的服务设施包括厕所、售卖亭、数字信息亭等等。

（1）厕所

通过对街旁绿地使用情况的调查发现，缺少免费开放的公共厕所是一个较为普遍的问题。街旁绿地的主要使用人群是老人和儿童，对于这两类特殊的使用者来说，由于生理机能的逐渐衰退和生理机能尚未发育完全的原因，一般情况下，间隔时间2小时左右，便有上厕所的需求。因此厕所是街旁绿地的必要设施。

街旁绿地中的厕所有可移动式和固定式两种。

可移动式厕所有多种选择，在选择中应注意其造型、材料和色彩与周围环境的关系。可移动式厕所的位置及数量有较大的灵活性，设计师甚至可以根据建成后的情况进行调整。这类厕所适用于人流量变化较大的商业型街旁绿地（图4-40）。

图4-40　移动式公厕有较大的灵活性

图4-41　香港某街旁绿地厕所置于人行天桥下，位置较隐秘，但入口的植物配置有一定的引导性

固定式厕所的设计需慎重考虑。首先，位置选择要恰当，这类厕所宜选址在人流较多，有一定的遮挡、但引导性较好、容易到达的地方。过于偏僻和隐秘的地方由于可能带来安全隐患不适合布置厕所（图4-41）。

固定式厕所的规模与街旁绿地的游人容量密切相关，在人流较多的街旁绿地，厕所的规模较大，但总的来说，因为街旁绿地本身规模不大，因此厕所尺度不宜过大。一般情况下，男女厕所各设2~4个蹲位即可满足使用需求，残疾人卫生间可单独设置（图4-42）。

街旁绿地厕所的外观对景观有一定的影响，在设计中应注意其造型、材料和色彩的运用（图4-43）。在满足必要的围合和视线阻挡的前提下，厕所墙体的底部和顶部可适当通透，这样既可形成轻巧的造型，又具有通风排味的作用（图4-44）。石材、木材、砖等是街旁绿地厕所常用的外墙

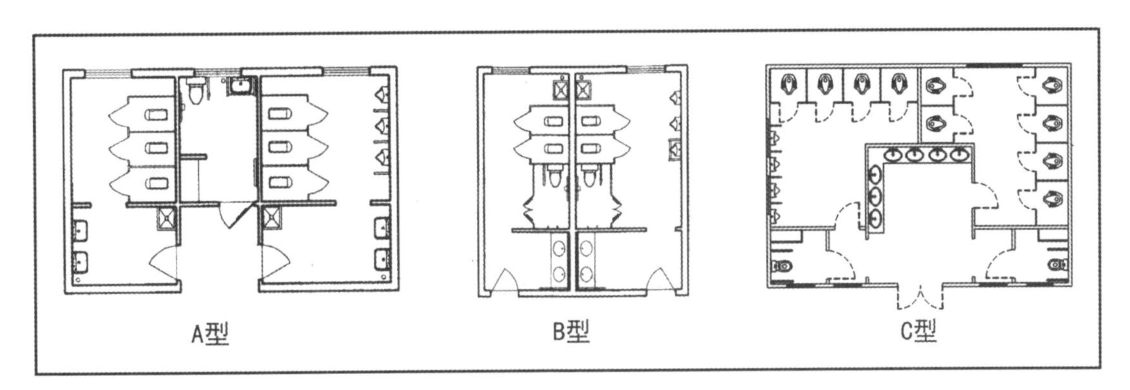

图4-42　几种常用的厕所平面布局图

图4-43　固定式厕所的位置和材料色彩应与环境协调

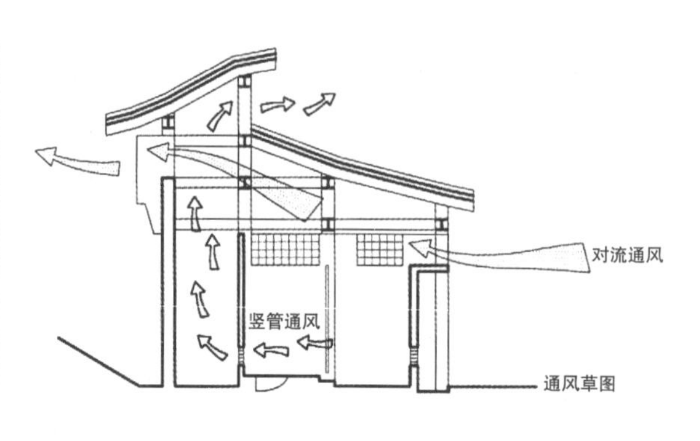

图4-44　街旁绿地厕所设计应特别注意通风

材料，厕所内的卫生器具则应选择耐用、不易损坏和易于清洁的材料，为方便儿童使用，应设置儿童盥洗台。

（2）售卖亭

设置售卖亭可以为城市街旁绿地带来更多的活动。一般来说，位于公共性街区的街旁绿地，可设置售货亭以提供饮料和简单的食品，这样不仅可以延长人们在街旁绿地中的停留时间，还可诱发更多的活动发生；而位于生活性街旁绿地中的售卖亭则可提供报纸、杂志等，这样在街旁绿地中休息的居民可以享受在户外优美环境中读书、看报的乐趣。为了提高城市街旁绿地的活力，售卖亭的设置非常必要。

在城市街旁绿地售卖亭的设计中，位置的选择十分重要。售卖亭位置的选择应基于对使用者的行为、心理的细致分析，一般情况下，售卖亭宜处于主要人流经过的步道旁或大量人流停留的休闲广场。处于步道旁的售卖亭前应注意留出足够的缓冲空间，以免妨碍人们的正常通行；位于休闲场地的售卖亭可根据人们使用的情况进行灵活的布局。一般情况下售卖亭应设置在休闲场地的边缘，一方面可朝向场地服务，另一方面，售卖亭也可形成场地围合的要素。但当场地尺度较大时，为减小服务半径，售卖亭也可布置在场地的中部，这样可向四周提供售卖服务（图4-45）。

对于规模不大的城市街旁绿地而言，为保证售卖亭布置的灵活性，建

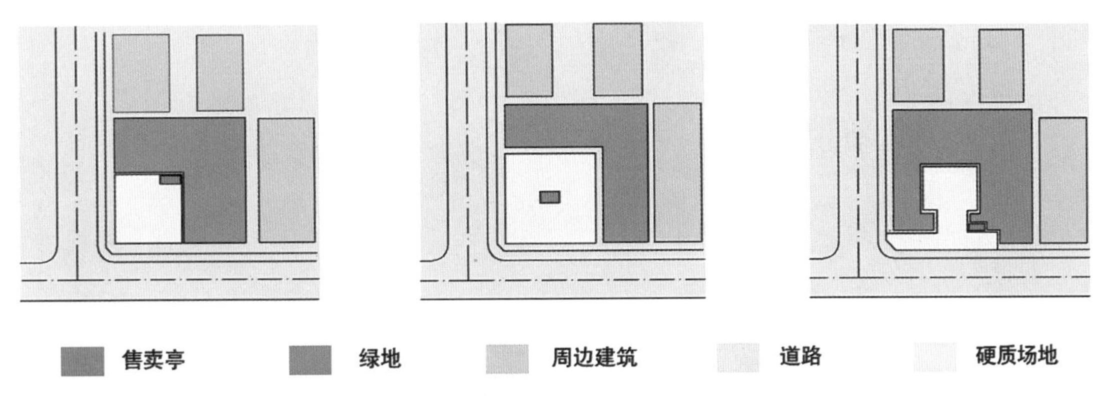

图4-45 常见的几种售卖亭的位置布局示意

图4-46 各种形式的成品售卖亭

议在设计中选用可拼装的产品。目前市面上有木质、金属等多种材料和多种造型的成品（图4-46）。设计者可以根据街旁绿地的风格，选用与之相协调的售卖亭。

在用地规模较大的公共性街旁绿地中，可以将售卖和休息的设施结合在一起考虑，将售卖亭变成小型的茶室或茶餐厅，以形成较为集中的休息服务空间。其建筑规模应满足公园绿地的相关要求，规模尺度宜小巧，在造型上应体现景观建筑灵活多变、开敞通透的特点，空间处理上要注意与外部环境的有机结合，通过设计产生出室内空间到有顶盖的灰空间和可供就坐休息的室外空间的一系列变化。同时结合地形、植物、水体等景观要素塑造优美的环境，形成街旁绿地中的人流聚集区和景观焦点。如由美国哈文森设计事务所设计的波士顿海洋公园（图4-47），在草坪和硬质活动场地之间设置了休息服务设施，售卖亭（咖啡吧）与休息廊架结合，界定出两种不同性质场地的边界，同时也形成了人们活动的中心，成为场地最

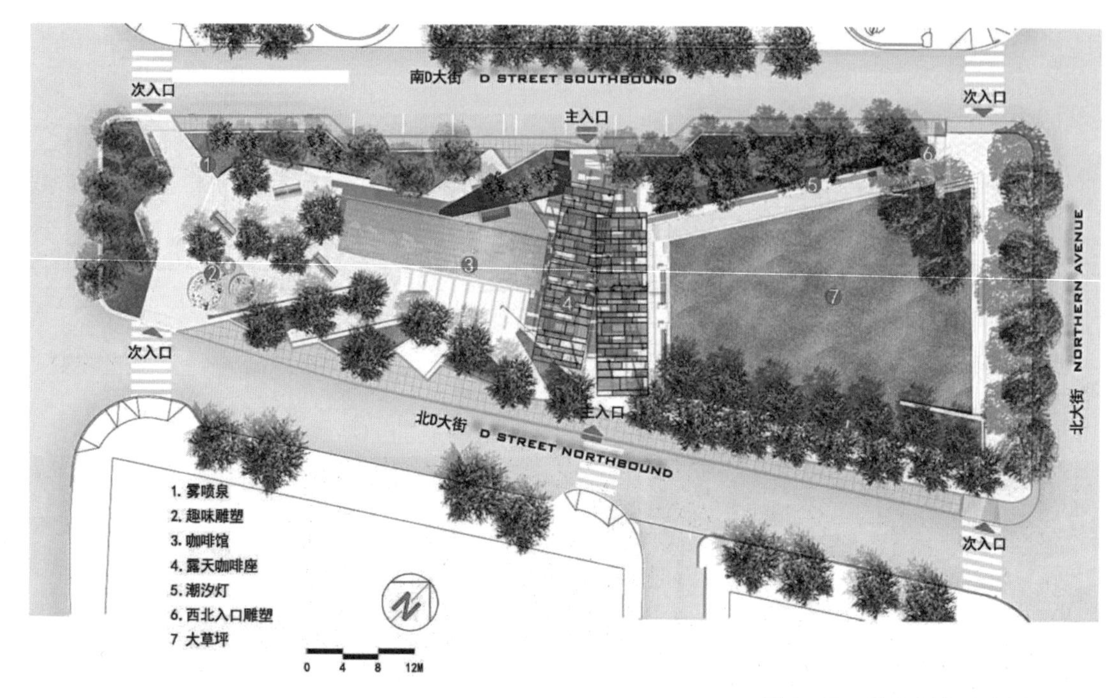

图4-47 波士顿海洋公园平面图

图4-48 服务与休闲设施结合形成场地的活力中心

具活力的场所（图4-48）。

（3）数字信息亭

随着信息技术的发展，数字化科技已与人们的生活息息相关，在城市街旁绿地尤其是公共性街旁绿地中设置数字信息亭，将大大方面人们的生活。

图4-49即是位于法国巴黎香榭丽舍大街上的一个智能数字信息亭，

图4-49　法国香榭丽舍大街的数字信息亭

这个休息亭不仅为人们提供了带有插座和休息小台面的特殊座椅，以方便人们放笔记本，还为人们提供了高速的WIFI接入，同时还有一个包含城市服务信息和指南的大触摸屏，方便居民和游客随时了解城市最新的服务资讯。在未来的城市街旁绿地中，尤其是城市公共街区，这样的数字信息亭将成为重要的服务设施。

2.2.4　照明设施

通过对城市街旁绿地的实地调研发现，在街旁绿地中晚间活动人数明显增加，特别是临近生活性街区和商业区的街旁绿地，傍晚及夜间散步、乘凉、聊天、跳舞、下棋等活动丰富多彩，人数也十分可观。照明设计可以为街旁绿地的使用带来便利，同时也延长了人们在街旁绿地的逗留时间，增加了街旁绿地的使用效率。

街旁绿地的照明设计中应把握实用、环保兼顾美观的基本原则。所谓实用是指保证使用上的安全和便利，即在人们停留、通行处保证足够的照度水平。环保是指在保证正常使用的前提下，街旁绿地应尽可能减少不必要的照明，减少光污染，尽可能选用节能光源和高效灯具。兼顾美观是指在重点设计的入口、雕塑、水景等景观焦点处可以安排特别的照明效果，突出街旁绿地夜间的观赏性。

根据各类空间功能的不同，可将街旁绿地的照明设施分为道路照明、活动空间照明、绿化照明和特殊景观照明等。

图4-50 道路不宽时绿化照明可替代道路照明

图4-51 日本东京某街旁绿地的特殊景观照明

（1）道路照明

步行道是街旁绿地中游人使用最为频繁的区域之一，步道照明设计对游人的行走的安全和舒适度有较大的影响。从使用安全和夜景观赏效果的角度考虑，街旁绿地的步道路灯的高度不宜过高，一般情况下主要步道旁可以设置3~4m高的庭院灯，次要道路旁则根据具体情况确定，通常可用草坪灯替代庭院灯（图4-50）。步行道路灯宜单面布置，或双向错位布置，一般间隔9~10m较为合适。当步道存在高差时，在台阶或坡道处应设置台阶灯。

（2）活动空间照明

活动空间照明设施的选择与空间的大小和活动密切相关，当广场面积超过1000m^2，夜间有大量人流使用时，必要的情况下可以考虑安装15m左右的高杆灯。篮球场、羽毛球场、乒乓球场等运动、健身场地可以使用7m左右的球场灯。而一般的小型器械健身场地，则可根据面积的大小选用3~5m高的庭院灯解决照明问题。

（3）绿化和特殊景观照明

在街旁绿地中，为遵循实用环保的照明原则，绿化照明和特殊景观照明一般较少使用，尤其在生活性街旁绿地，过多的绿化照明会带来不必要的光污染和无谓的能源消耗，同时还可能破坏场地自然和谐的氛围。而对于位于公共性街区或城市重要景观地段的街旁绿地，则可以对重点设计的孤植树、草坪、树阵、雕塑、水景等进行特殊的照明设计，以提高夜间的景观效果（图4-51）。

图4-52　美国克利夫兰Perk park公园灯具的选择和布局

所有的照明设施除提供基本功能外，同时也是城市街旁绿地的景观构成要素，因此，在灯具的造型、材料选择和位置的安排上，除考虑基本的照明功能外，还应注意和整体风格、尺度和布局形式的协调。美国克利夫兰Perk park公园以“森林和草地”为主题，为了配合这一主题和简洁现代的整体风格，选择了造型十分简洁的庭院灯，在保留的树林中做阵列式的布局，强化了森林的效果（图4-52）。

2.2.5　其他小品、设施

（1）指示牌

指示牌是指为游人提供各种信息的标示牌、方向牌、警示牌等。在城市街旁绿地的设计中，指示牌的设置往往被忽略，为使用者带来诸多的不便。这一看似不起眼的细节设计，其实最能体现“人性化”设计对使用者的关怀。

指示牌为人们引导游览方向，指明各类空间和各种设施的位置。指示牌既构成街旁绿地的信息系统，同时也是特殊的景观点缀物（图4-53）。因此，指示牌应在形式、材质和色彩等方面按整体性要求设计，并与环境协调一致，同时注意清晰易于辨认，必要时应标注盲文。

（2）垃圾箱

为保证街旁绿地的卫生，需设置数量合适的垃圾箱。垃圾箱一般设在各类活动场地周围、休憩区和散步道的边沿。垃圾箱要求坚固耐用，易于清洁和管理，要符合垃圾分类收集的要求，同时其色彩和造型应能与周围景观相协调（图4-54）。

图4-53 各种形式的指示牌

图4-54 垃圾箱的色彩和造型应能与周围景观相协调，位置应方便使用

图4-55　使用光面花岗岩时应注意控制尺度

图4-56　铺装材料表面凹凸感不宜过强

2.3　铺地设计

铺地是指场地中经铺装后的硬质地面。在街旁绿地中，铺地起着非常重要的作用，人们的散步、行走、运动、游戏、健身等大部分的活动都在铺地上进行。同时，铺地还具有暗示、划分空间、感受尺度、引导视线和统一景观效果等作用。

在铺地设计中应特别注意安全性、整体性、适用性和艺术性等问题。

2.3.1　铺地设计的安全性

注意铺地设计的安全性，首先应避免使用行走困难和易使人滑倒的铺装材料。例如在铺地设计中应避免使用大面积的光面花岗岩，如果确需选用，其宽度应控制在20cm以内，超过20cm的应在材料表面做拉槽或拉丝处理（图4-55）。其次，在环境阴湿的地方应避免使用容易长青苔的砂岩板等材料。此外，还应避免大面积使用表面凹凸感太强的铺装材料，如尺度较大的鹅卵石，或者蘑菇面处理的石材等（图4-56）。

另外，铺地设计的安全性还表现在某些特殊空间对铺地有特殊的要求。以儿童游戏空间和运动健身空间为例，儿童游戏空间的铺装应避免选用花岗岩、鹅卵石、混凝土等硬度大的材料，而应选择硬度小、弹性好、抗滑性好的材料，如橡胶砌块、人工草坪、沙地等等，以避免儿童玩耍时跌倒受伤。不同活动的运动健身场地地面铺装的材料应有所不同，球场等可用塑胶或水泥铺地，而配备健身器材的场地则最好采用保护性地面铺装，如沙地、树皮屑、弹性塑胶地垫等（图4-57），做操跳舞的广场铺装可以以硬质材料为主，但要特别注意防滑和排水处理。

2.3.2 铺地设计的整体性

铺装的形式、色彩 、质感的变化可以起到进一步划分空间的作用，但是由于城市街旁绿地规模一般都不太大，因此在铺装设计中更应强调其整体的统一性。

图4-57 特殊空间的铺装设计

对铺地设计整体性影响较大的是材质和色彩。一般情况下，在城市街旁绿地的铺装材料选用中，应注意控制好基本材质和色调，在大面积使用统一色彩和材质铺装的基础上，可以对重点强调的空间做出变化处理。这样既可以控制住场地的整体效果，又能使景观在统一中产生变化（图4-58）。

另外，铺装材料的形式和尺度对整体性也有一定的影响。铺装的形式和尺度应与场地的形式和尺度协调，当场地为规则的四方形时，适合选择方形或长方形的块状铺装材料。场地尺度较大时，常用铺装材料的规格有600mm×300mm，800mm×400mm，600mm×400mm，300mm×300mm等。场地尺度较小时，常用铺装材料的规格有400mm×200mm，200mm×100mm，200mm×200mm，

图4-58 色调统一的铺装整体效果较好（图a），材质过多影响整体效果（图b）

图4-59　规则场地的铺装形式，除选用规则块状铺装材料外，还可做适当的划分

图4-60　不规则几何形和自由形的铺装可用100mm×100mm的花岗岩（图a），或多边形预制水泥块（图b）

100mm×100mm等（图4-59）。当场地为不规则几何形或自由形时，适合使用多边形的块状铺装、100mm×100mm的小尺度方块铺装（图4-60），或彩色沥青、彩色混凝土或水刷石等铺装形式（图4-61）。

2.3.3　铺地设计的适用性

铺地设计的适用性是指在铺地设计中要根据不同的情况，对场地采取不同的处理方式以满足使用功能和心理上的要求。

例如在人们休息的空间，如集中就坐区域、咖啡厅、茶室的附近或休息亭廊，为了形成较为舒适的停留空间，一般可以选择木质或仿木的铺装

图4-61　自由曲线的道路可用冰裂纹的石材（图a），或水刷石铺装（图b）

图4-62　木质或仿木铺装可以形成舒适的休息环境

图4-63　体现自然氛围的铺装材料和形式

材料，如防腐木、塑木、生态木等（图4-62）；而在设计穿越林间的散步小道时，有时为了强化其自然的景观特色，可用石质间草、冰裂纹以及碎石、鹅卵石等铺装形式（图4-63）。此外，如前文提到的在儿童活动及健身场地区域，必须采用硬度较小的铺装材料以防止运动、游戏过程中可能产生的伤害。

2.3.4　铺地设计的艺术性

铺地设计的艺术性主要是指在某些情况下，可以通过较为特别的铺装形式来反映设计的主题或氛围，这种特别的铺装形式可以是整体性的，也可用在主要出入口或主要的中心广场等位置。

以泰国清莱中环广场的铺地设计为例，设计师为了反映体现项目原始的地形特点，选择了如等高线一样流畅的线条作为场地设计的主题。在这一主题下，花台、台阶、座椅、水池以及铺装的图案都经过精心设计，大面积水波纹一样的铺地更加强化了场地的艺术氛围（图4-64）。

图4-64　泰国清莱中环广场整体艺术化的铺地设计

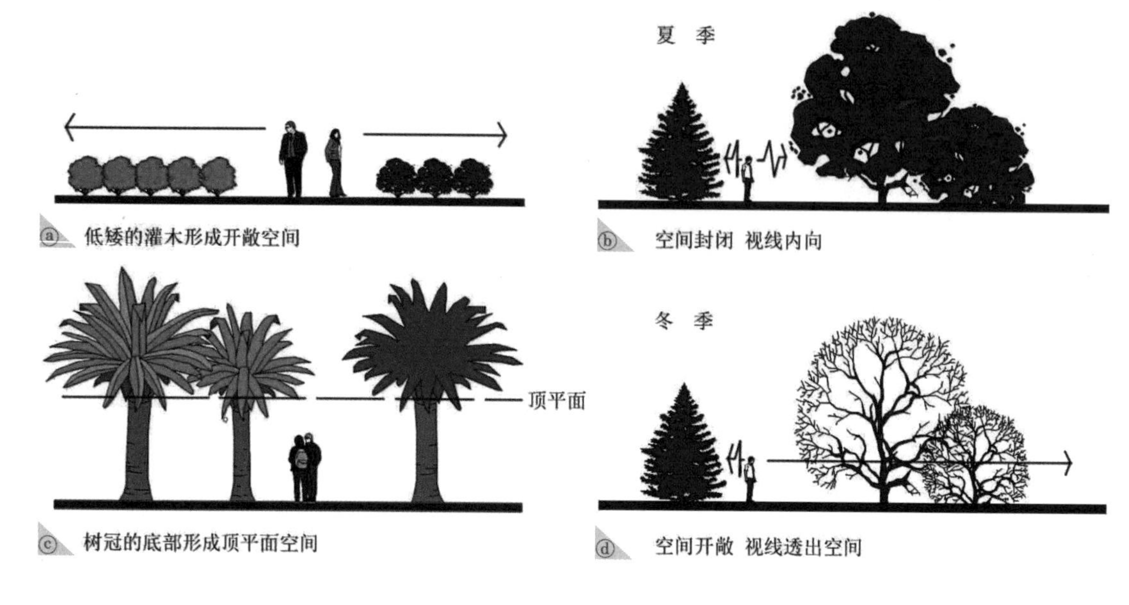

图4-65 通过植物构筑不同性质的空间

2.4 种植设计

城市街旁绿地的主要特征之一是“软质性”，如前文所言，“软质性”是指街旁绿地的景观构成应以植物为主。因此，种植设计直接影响到城市街旁绿地的使用效果和景观效果。

植物在城市街旁绿地中能发挥的主要功能包括建构空间、调控视线、美化以及改善微气候和小环境等。植物能在街旁绿地中充当类似建筑物的地面、顶棚、墙面等限制和组织空间的要素，通过不同的植物配植方式可形成开敞、半开敞、覆盖、封闭等不同的外部空间。另外，通过对植物高度的控制，还可引导视线或形成障景，调节空间的私密度（图4-65）。植物的美化功能是指利用植物不同的大小、形态、色彩、质地等外形特征，以及植物的完善作用、统一作用、强调作用、识别作用、软化作用、框景作用等构成丰富多彩的景观效果。另外，通过合理的搭配，街旁绿地中的植物可以发挥出生态效益，达到调节气候、降低温度、隔绝噪声和减少空气污染等作用。

2.4.1 种植设计注意事项

与其他公园绿地相比，街旁绿地具有规模小、投资少、后期维护要求

图4-66　日本东京毛利庭院植物配植，模拟自然植物群落景观

低等特殊性。这些特性对植物的选择和搭配有一定的影响。因此，在街旁绿地种植设计中应注意以下问题：

（1）在种植设计中注意控制整体效果

由于城市街旁绿地规模较小，因此在种植设计中要按照整体性的原则注意控制好绿地的总体景观效果。为此必须首先对绿地设计的构思及整体风格进行把控：是营造四季不同、色调丰富、郁郁葱葱的植物景观，还是形成整齐、简洁、大气的绿色环境，均取决于最初的构思和风格定位。

以日本东京毛利庭园的植物配植为例，庭院位于商业和办公区，设计的目的是创造一个自然式的供人们休息的空间，因此整个设计采用的是自然化的风格，在种植设计中，采用了模拟自然植物群落的方式，结合水体、石头等要素，形成了层次、色彩丰富的植物景观（图4-66）。而在美国波特兰唐纳溪水公园的设计中，为了再现原场地沼泽地和工业废弃地的景观特征，在植物的配植上强调了较为荒野的氛围，除局部配植了乔木以外，大量用到了陆生和水生的禾本植物，有效地烘托了场地氛围（图4-67）。

对于规模较大、功能分区较复杂的城市街旁绿地，也应首先确定符合设计风格和主题的基调树种，并在总体风格统一的基础上，处理好各分区之间植物的过渡和协调。要在统一的绿色基调控制下，在主要出入口、中心活动区以及重要景点等区域，通过不同色彩、质地、大小的植物搭配，与总体背景产生对比，达到突出和强化的效果。

图4-67　美国波特兰唐纳溪水公园大量运用了禾本科植物，再现沼泽地景观

（2）在种植设计中尽可能多营造林下空间

由于受城市街旁绿地的规模限制，供人们使用的活动场地和用于种植的绿地之间在一定程度上存在着矛盾。林下空间则可以在绿地面积有限的情况下，做到既保证街旁绿地的绿化总量，又不影响场地的使用。因此，多营造林下空间是解决街旁绿地用地矛盾的有效办法。

由树冠覆盖形成的林下空间，可以在炎热的夏天为人们提供阴凉的感受，还可起到一定的遮风避雨的作用，为人们提供更舒适的环境。因此，在城市街旁绿地中，无论是小坐休息、锻炼健身还是散步赏景，林下空间都是最受欢迎的。

林下空间形式多种多样，既有树阵下的小坐休息区，又有树林中的林荫小道，还有树林边缘的健身游戏空间等等（图4-68）。在营造林下空间时要注意选择适当的树种并确定适当的种植密度。为了形成大面积的树荫，一般要求树冠为伞形，同时为了满足人们在树下活动的需要，枝下高应高于1.7~2m。另外，为了形成夏季有阴凉，冬季有阳光的效果，适合选择落叶乔木。树与树之间的密度不宜太密或太疏，一般情况下，可以控制在成熟以后1/3树冠搭接的程度。

（3）在种植设计中应注意体现经济性

由于资金的限制和粗放型管理的特点，在城市街旁绿地的种植设计中还应特别注意经济性的问题，经济性问题主要体现在优先选择乡土植物，慎用大树和建构稳定植物群落等方面。

图4-68　各种形式的林下空间

乡土植物具有成本低、易成活、苗木来源广、维护成本低等优点，为控制街旁绿地的投资成本和减少后期的管护费用，在种植设计中应优先选择。乡土植物包括乡土树种和乡土地被，在以往的设计中，乡土地被植物的选择往往不被重视，而在城市街旁绿地中，由于后期维护管理力度较弱，在自然演替作用下，人工栽培的地被植物在绿地建成后一两年往往会逐渐被本土地被植物取代，造成景观质量下降。因此一开始就多选用乡土地被植物不失为一种降低维护成本，保持景观质量的明智办法。

城市绿地建设中移植大树固然便于快速成林，形成葱郁的景观效果，然而大树移植费用高，存活率相对较低，后期维护费用较高，因此，从经济性的角度考虑，在城市街旁绿地的种植设计中，应慎用大树。从另一方面看，城市街旁绿地规模一般都不大，如果树木尺度过大，将会对街旁绿地的空间比例造成破坏。因此，在街旁绿地的种植设计中对选择大树必须非常慎重。

以植物群落为单元的绿地可形成稳定的生态系统，不易遭受病虫害等

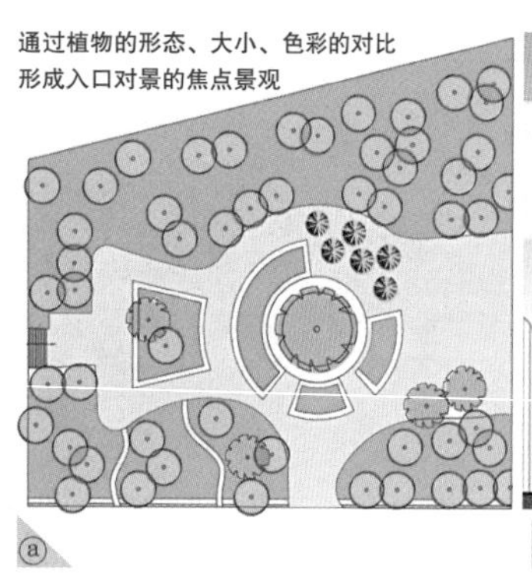

图4-69　某小游园的入口，通过孤植树形成的焦点景观

外来因素的破坏，可以减少人力和财力耗费，使绿地的维护成本得到控制。因此，在街旁绿地种植设计中，还应遵循以植物群落为基本单元的原则，根据生态位、群落生境等特征，选择适当的乔木、灌木、地被进行合理配植。

2.4.2　常用的植物配植形式

城市街旁绿地中的植物具有建构空间、调控视线、形成景观视线焦点等作用，在种植设计中应通过合理运用多种植物配植形式以更好地发挥这些作用。在街旁绿地中常用的植物配植形式有孤植、列植、树阵和群植等。

（1）孤植

孤植可形成视线焦点。一般情况下，在城市街旁绿地的主入口或场地重要空间可以选择树形优美的乔木进行孤植，同时与其他景观要素恰当的配合可以形成焦点景观或标志性空间（图4-69）。

（2）列植

列植可形成边界、强调轴线等，在城市街旁绿地的边缘、直线型步道的两侧或活动场地的边缘，可以选择适当的植物进行列植，以强化线形的空间要素，更明确地界定空间（图4-70）。

（3）树阵

树阵可形成成片的顶盖空间，在城市街旁绿地中树阵可提供环境舒适的小坐和休息空间。构成树阵的树种一般要求有伞状的树冠，枝下高应能满足人群在树下开展活动的要求（图4-71）。

图4-70　列植的植物可达到强化线形空间的作用

图4-71　树阵形成的休息空间

（4）群植

群植可形成稳定的绿色背景，在城市街旁绿地中，群植是最常见的植物配植形式，通过群植可以形成稳定的面状植物景观。群植时应注意乔木、灌木和地被的搭配，根据视线和使用的具体需要控制配植的密度和植物的高度（图4-72）。

以笔者完成的重庆市南岸区黄葛古道小游园的种植设计为例，在这一街旁绿地的设计中，用到了孤植、列植、树阵和群植等多种植物配植形式。黄葛古道小游园的主题植物是黄葛树，因此，结合地形高差营造了主景观——孤植的黄葛树。除人们活动的硬质场地外，在大量的绿地空间中运用了群植的方式，形成小游园的绿色背景。另外，在硬质场地的边缘布置了供人们休息停留的樱花树阵。为了达到引导人流的目的，在入口及道路边沿使用了列植的方式（图4-73）。

图4-72 通过不同植物的合理搭配，群植形成背景

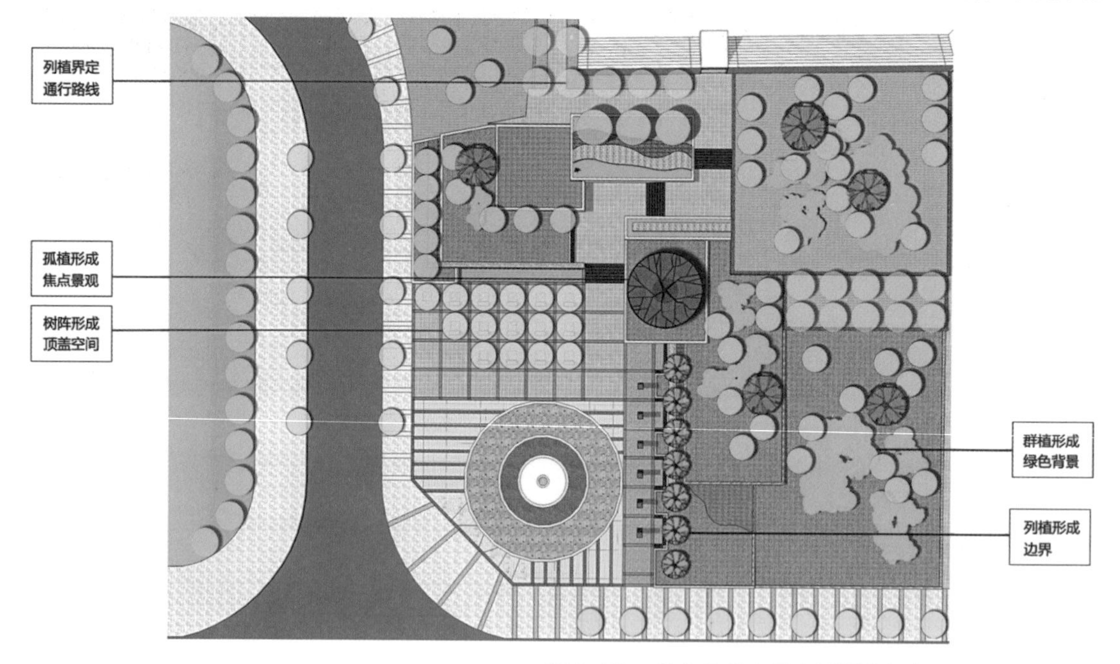

图4-73 重庆黄葛古道小游园中的各种植物配植形式

2.5 无障碍设计

无障碍设计是指在城市公共设施的设计中，应充分考虑残疾人、老年人、伤病人、儿童和其他人员的通行和使用要求，以保障其通行安全和使用方便。城市街旁绿地是市民接触最多的一类公园绿地，老人和儿童是最主要的使用人群，因此，无障碍设计是街旁绿地人性化设计的重要内容。

通过对园林中无障碍设施的调查研究，有关专家提出园林无障碍环境

图4-74　铜梁玉泉公园次入口无障碍设计

构成要素包括了无障碍信息环境、出入口、坡道、无障碍园路、车库与停车场、休息设施、绿化、无障碍厕所、地面等9项[①]。在街旁绿地的设计中，出入口、连续性的游步道和厕所等设计是无障碍设计的重点。

在城市街旁绿地的无障碍设计中，首先应注意其出入口宽度应考虑满足轮椅的通行，即宽度不小于1.2m，出入口周围还要有1.5m×1.5m以上的水平空间以便于轮椅使用者停留。其次，当街旁绿地与相邻道路存在高差时，在出入口的设计中应设置坡道（图4-74）。另外，如果与街旁绿地相邻的街道设有盲道，盲道应接入街旁绿地的出入口。同时还应注意在入口处设置字迹图案清晰、方便辨认的指示牌、地图等，最好同时能设置盲文指示牌。

在街旁绿地中应有连续的无障碍的园路可以到达场地的主要区域，园路宽度至少达到1.5m，以保证轮椅使用者与步行者可错身通过。园路路面要防滑且尽可能做到平坦无凹凸。无障碍的园路上应尽可能避免高差的存在，在无法避免的地方可采用坡道与台阶并置的方式解决高差问题。坡道和台阶的起点、终点及转弯处都必须设置水平休息平台，超过规定坡长的

① 胡立辉、李树华、吴菲 园林无障碍设施调查研究——以北京市为例 中国园林[J] 2009，5：91-95

每段坡道的坡度、坡段高度和水平长度的最大容许值

坡　度	1/20	1/16	1/12	1/10	1/8	1/6
坡段最大高度	1500	1000	750	500	350	200
坡段水平长度	30000	16000	9000	5000	2800	1200

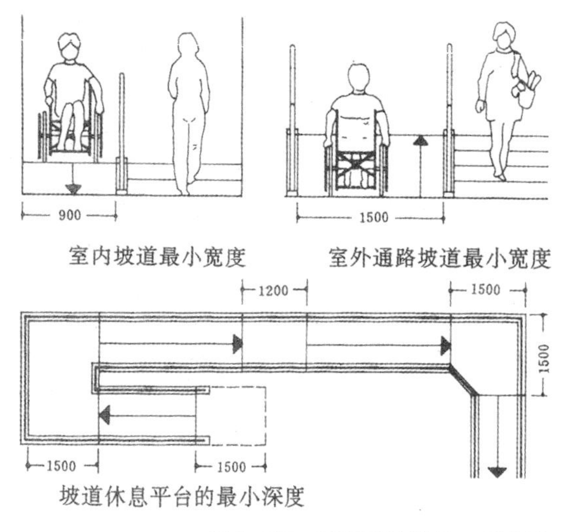

图4-75　无障碍坡道的一般规定

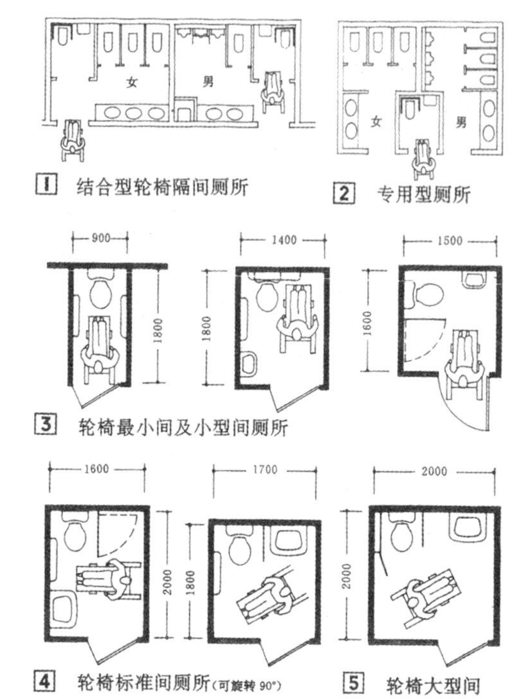

图4-76　残疾人使用的卫生间类型

坡道也应设置1.5m×1.5m以上的水平休息平台（图4-75）。在街旁绿地厕所的设计中同样应考虑残疾人使用的隔间或独立的卫生间（图4-76）。

小结

在城市街旁绿地的细节设计中，应遵循“整体性”和“人性化”的原则。城市街旁绿地重要的细节设计包括边界设计、设施与小品设计、铺地设计、种植设计和无障碍设计等等。在边界设计中应综合应用各种景观要素，实现边界的多重性和复合性功能；座位、健身游戏以及服务设施等的设计都应该满足人们生理和心理的需求；铺地设计应特别关注安全性、整体性、适用性和艺术性等问题；种植设计应突出街旁绿地的特点，利用多样化的植物配植形式完成植物建构空间、调控视线、形成景观视线焦点等作用；而无障碍设计则体现了对特殊人群的特殊关怀。

第五章
美国城市街旁绿地设计典型案例解析

美国城市街旁绿地（袖珍公园）的建设有较长的历史，从20世纪60年代以来，街旁绿地的研究和实践都受到景观设计师们的关注，并产生了不少经典的案例，这些案例从构思到细节都不同程度地体现了街旁绿地设计的精髓。

通过对大量美国城市街旁绿地的研究，本书选择了从20世纪60年代到近几年完成的10个经典案例，这些案例或为美国景观设计师协会ASLA（AMERICAN SOCIETY OF LANDSCAPE ARCHITECTS）的获奖作品，或为景观设计大师的代表性作品，更重要的是建成以后都受到了市民的欢迎和行业的肯定。

本书所选案例几乎涵盖了前文提到的不同类型、不同风格的城市街旁绿地，既有位于不同功能区的城市街旁绿地，也有处于街道不同位置的城市街旁绿地。这些案例分别体现了不同类型街旁绿地设计的特点，可以对前文所提到的设计原则和方法做具体而生动的展现。

典例分析包括基本情况、位置及面积、空间组织、行为活动等几方面，在分析的基础上，通过“值得借鉴的设计”一节，总结了不同案例从构思的形成、活动项目的安排、空间的界定到人性化细节设计等方面的不同特点。

典型案例1　佩利公园（Paley Park）

典型案例2　格林埃克公园（Greenacre Park）

典型案例3　西雅图联邦法院广场(Plaza of Seattle Federal Courthouse)

典型案例4　贝克公园（Beck Park）

典型案例5　米申大街560号街边公园（Mission Pocket Park）

典型案例6　国会大厦广场（Capitol Plaza）

典型案例7　泪珠公园（Teardrop Park）

典型案例8　巴斯莱公园（Balsley Park）

典型案例9　布莱恩特公园（Bryant Park）

典型案例10　杰米森广场（Jamison Square）

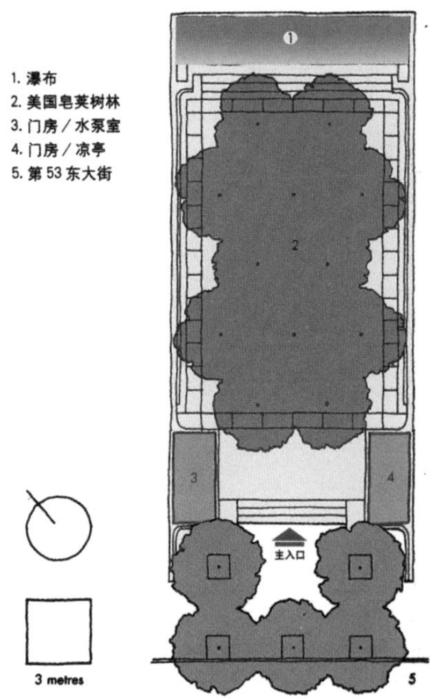

图5-1-1　平面图

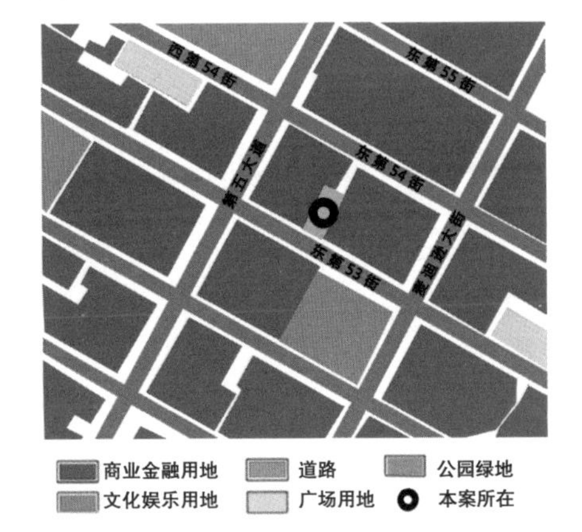

图5-1-2　区位图

典型案例1

佩利公园 Paley Park

名称：佩利公园（Paley Park）

地址：美国纽约东53大街

性质：位于商业型街区的城市街旁绿地

设计公司：Zion & Breen景观建筑设计事务所（Landscape Architectural Firm of Zion & Breen）

设计师：罗伯特・泽恩（Robert Zion）

（1）基本情况

佩利公园竣工于1967年，1999年完全按原来的设计进行了重建。这座公园是哥伦比亚广播公司前主席威廉・佩利为了纪念他的父亲塞缪尔・佩利（Samuel Paley）而建。佩利公园是一个典型的城市街旁绿地，私人拥有，但对公众免费开放。这座位于密集的建筑物之间、十分袖珍的游园自完工以来，受到了广泛的赞誉，甚至被称作世界上最好的公园（图5-1-1）。

（2）位置及面积

佩利公园位于纽约曼哈顿中心东53大街的北边，处在商店、办公室和酒店的集中区——第五大道和麦迪逊大街之间，对面是广受欢迎的现代艺术博物馆（图5-1-2）。

公园形状为规则的长方形，长30.4m，宽12.8m，面积约为390m^2。公园三面被建筑包围，一面临街，开口紧邻东53大街，人们可以非常直接方便地进入公园。

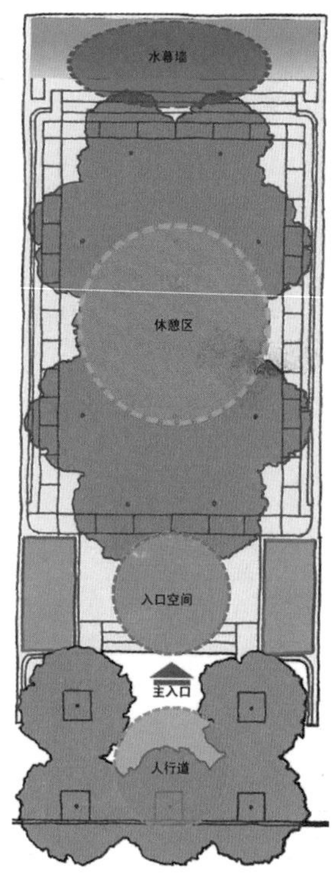

图5-1-3　功能分区图

图5-1-4　公园入口前的人行道

图5-1-5　公园入口

（3）空间组织

公园可以划分为三个主要的功能空间，即入口空间、树阵休息区和作为视觉焦点的水幕墙（图5-1-3）。

入口空间由人行道向公园内扩展而成（图5-1-4），通过踏步和两边的门房界定（图5-1-5）。

与入口空间相连的是树阵休息区。树阵休息区由两边的建筑墙体界定边界，顶界面则由皂荚树的树冠形成，可以任意移动的桌椅为人们提供了自由的休息空间（图5-1-6）。

正对公园入口的建筑墙体被设计师巧妙地处理为水幕墙，高约6m的水幕墙是公园的焦点景观，它隔绝了城市的噪声，使公园中休憩的人们仿佛远离了城市的喧嚣，在这里享受着属于自己的休闲时光（图5-1-7）。

（4）行为活动

公园的入口直接朝向街道，人流主要来自东53大街和第五大街。场地的活动以休憩为主，这里宜人的空间尺度、物美价廉的食品和可移动的、舒适的、独立的座椅吸引着人们来此休憩、小坐或与朋友共进午餐。瀑布这一巧妙的设计阻隔了城市环境里的喧嚣，同时成为公园的视觉中心，使人们在城市中心找到了属于自己的一片绿洲。

入口的台阶在界定空间的同时也吸引着人们进入公园。三面封闭的袋状空间增强了围合感，强化了与外界的隔离，吸引着人们选择这里作为休憩的场所（图5–1–8）。

（5）值得借鉴的设计

（a）氛围的营造

水体：作为入口对景的水幕瀑布，不仅形成小尺度公园的焦点景观，同时跌落的水声掩盖了城市的噪声，通过这一巧妙的设计，为公众营造了一个仿佛远离城市的、安静的休憩空间。

植物：佩利公园中的树木（皂荚树）以3.7m间隔的梅花形平面形式种植形成树阵。夏日，浓密的树叶形成顶盖空间，为人们提供足够的树荫，斑驳的树影不断随日光的变化变幻着场地的氛围。冬季落叶后，阳光从稀疏的枝干间洒向地面，为午后休憩的人们带来些许温暖。这种松散的树木分布，一直延伸到人行道，形成了公园轻松的气氛，墙体上浓密的绿色攀缘植物软化了周围硬质的墙面，强化了静谧轻松的氛围。

（b）景观小品

公园中大理石的桌子和白色金属丝网的椅子均可移动，允许人们自由选择适合的位置。座椅所使用的独特的网状设计，能使雨水快速排出掉，适合室外使用。充满设计感的座椅同时也体现了公园独特的气质。

图5–1–6　林下休息空间

图5–1–7　公园尽端的水幕墙

图5–1–8　公园中的休息设施

典型案例2

格林埃克公园 Greenacre Park

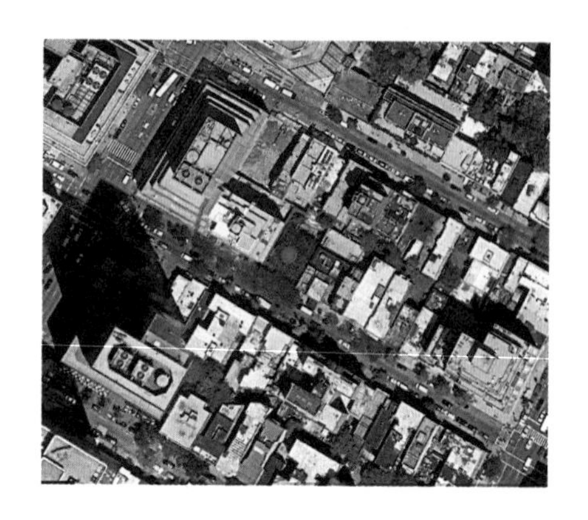

名称：格林埃克公园（Greenacre Park）

地址：美国纽约东51大街

性质：位于商业型街区的城市街旁绿地

设计公司：佐佐木联合事务所（Sasaki Associates）

获奖情况：1986年第三届波士顿景观协会杰出奖

（1）基本情况

格林埃克公园（图5-2-1）建成于1971年，由佐佐木联合事务所（Sasaki Associates）设计，其设计包括场地、建筑、小品、喷泉、灯光、暖气等。该公园是洛克菲勒家族的私人财产，但对全体纽约市民开放。格林埃克公园是纽约市使用率最高的几个公园之一，以其有限的空间每周接待游客高达1万人次以上。

（2）位置及面积

格林埃克公园位于纽约曼哈顿中心东51大街的北边，处在第二大道和第三大道之间，属于典型的沿街城市街旁绿地（图5-2-2）。场地为规则的长方形，南北进深方向约为36m，东西开间方向为18m，总面积约为650m^2。

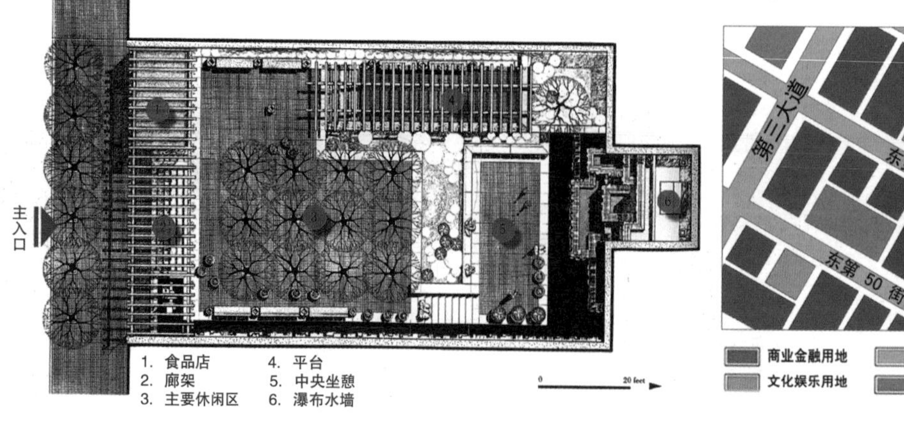

图5-2-1 平面图

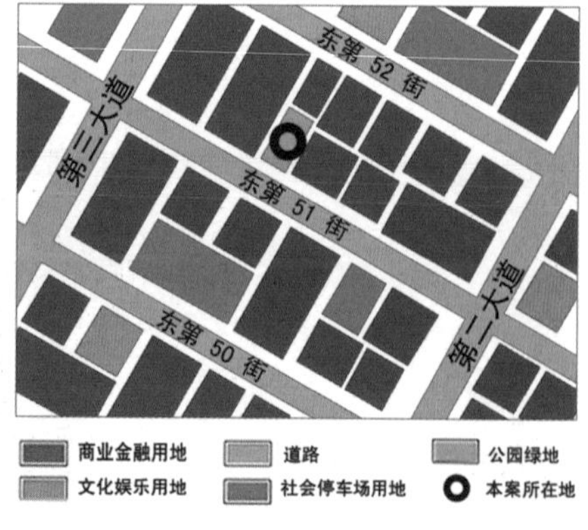

图5-2-2 区位图

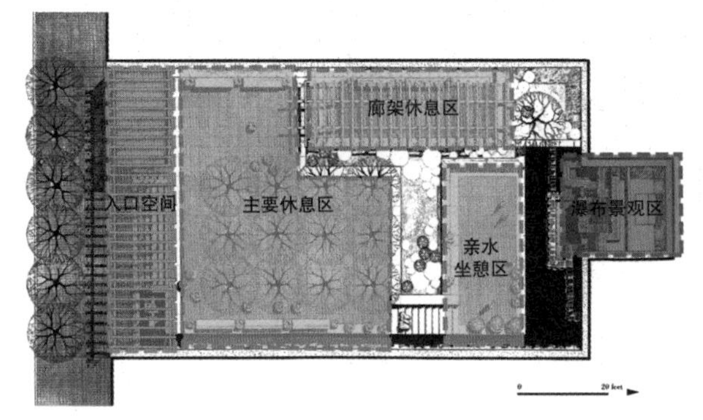

图5-2-3　功能分区图

图5-2-4　公园入口

图5-2-5　主要休息区

图5-2-6　亲水坐憩区

（3）空间组织

格林埃克公园运用植物和水景并结合地形形成了丰富的多层次休闲空间。它们由五个主要的功能区组成，即：入口空间、主要休息区、亲水坐憩区、廊架休息区和瀑布景观区（图5-2-3）。

公园入口空间由一个通长的廊架界定，入口则由位于廊架左侧食品店的端墙和右侧的小水体景观进一步明确，入口水景成为吸引人们进入公园的焦点景观，平缓抬升的踏步不断地吸引着游客进入公园（图5-2-4）。

通过入口廊架下面抬升的台阶进入主要休息区（图5-2-5）。12棵皂荚树组成的树阵形成了主要休息区的顶盖空间，在树下布置有可移动的桌椅。由入口水景引出的小水渠，经踏步的跌落流向瀑布主景区，构成了主要休息区的一侧边界。沿水渠边上布置有长条形的石质座凳。

通过下行踏步，将亲水坐憩区（图5-2-6）与主要休息区相连。与主要休息区相比，亲水坐憩区尺度更小，在植物和水体的围合中，成为更为安静和私密的小坐休息空间。

图5-2-7　瀑布景观区

图5-2-8　廊架休息区

公园的尽端是瀑布景观区（图5-2-7），跌水的处理与佩利公园有异曲同工之妙。从花岗石砌成的景墙上奔泻而下的水体，既是公园观赏的焦点景观，又能形成声障以减弱公园外面的交通噪声。所不同的是格林埃克公园中的水景被处理在凹形的空间，同时结合了绿化和分台的跌落，水景景观更为丰富、更具有吸引力。

在亲水坐憩区左侧，通过绿化与主要休息区相连的是廊架休息区（图5-2-8），廊架由丙烯酸材料建成，廊架下装有照明和暖气设施，晚上和天气寒冷时可以为人们提供一个温暖舒适的休息空间。这里是公园中标高最高的一层平台，在这里人们可以纵观整个公园并欣赏水景。

（4）行为活动

格林埃克公园的主要使用者是周围的居民和上班族。其主要活动为安静休憩型，包括小坐、交谈、观景、阅读、就餐等。

公园入口直接朝向街道，尽头的水景在视线上吸引着人们进入，公园具有良好的可达性。

园内的主要休息区、亲水坐憩区、廊架休息区等为人们提供了多样化的休息小坐空间。人们可以在皂荚树林的斑驳阴影处、水泉边阳光充沛的开敞空间里、入口处的廊架下或沿墙边的防雨顶篷下休息观景。在中午的使用高峰期，大量的矮墙和宽大的台阶也可就坐，同时园中的食品店全天供应小吃和咖啡。优美的景观、舒适的环境以及饮食供给延长了人们在此逗留的时间。工作的间隙，人们到这里来享受休闲的时光。树影中斑驳的阳光和瀑布中散落的水花，让人感受到一种回归大自然的亲切感，寻求到都市中难得的宁静与祥和。

（5）值得借鉴的设计

（a）丰富的空间层次

格林埃克公园总面积虽然只有650m^2，但通过多样化的空间界定要素和方式形成了非常丰富的空间层次。在公园空间的建构中，设计师采用了围合、覆盖、高差变化等不同形式，所用的景观要素包括围合空间的墙体、花坛、植物、栏杆、水渠等；形成顶盖空间的有皂荚树树阵、入口廊架、休息棚架等；通过踏步形成了与街道标高不同的3个不同高差的平台，它们分别是主要休息区、廊架休息区和亲水坐憩区。这些多样化的空间不仅满足了人们不同的需求，还形成了层次丰富的景观效果。

（b）满足多种就坐需求的休息设施

小坐休息是格林埃克公园的主要活动，可移动的桌椅、条形石凳、宽大的花台、栏杆、踏步等“基本座位”和“辅助座位”的设计，满足独坐、聊天、就餐、观景等不同的休憩活动需求（图5-2-9）。

（c）种植设计

与佩利公园相比，植物在格林埃克公园的设计中扮演着更重要的角色。在这里植物与其他设计要素一起建构空间和景观。春天，满园盛开着木兰花和杜鹃花；夏天，树木提供足够的树荫和美丽婆娑的光影；秋天，满墙的爬山虎呈现一片鲜红，不同大小、质感、色彩的植物为公园平添了无限生机（图5-2-10）。

图5-2-9　休息设施

图5-2-10　植物配植效果

（d）水体与墙体

图5-2-11　水体与墙体的处理

格林埃克公园中的水体景观贯穿了公园的始终，入口处的小水池是吸引人流进入的焦点景观，之后小水渠和沿台阶跌落的流水将人们引向公园的高潮景观——瀑布。瀑布的设计凹凸有致，与植物共同构成公园中最重要的景点。水的运用增加了公园的整体性、丰富了公园的景观、强化了安静的氛围。

此外，作为公园围合界面的墙体设计同样值得借鉴。设计师改变了原有建筑的部分墙面材料，选用了与跌水瀑布景点同样的粗糙肌理的石材，通过块状石材凹凸的拼贴处理，形成特殊的质感，强化了公园的整体景观效果（图5-2-11）。

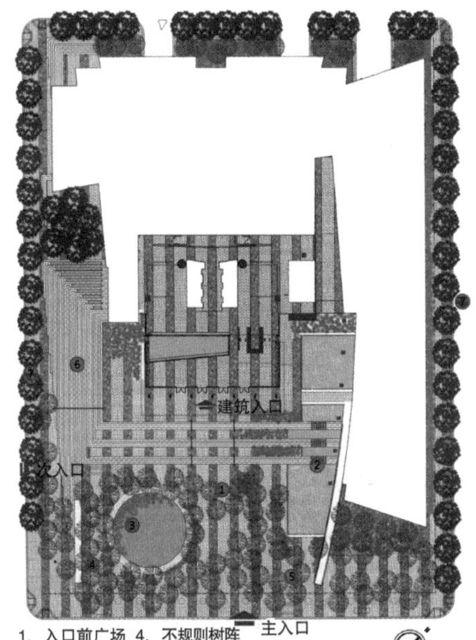

图5-3-1　总平面图

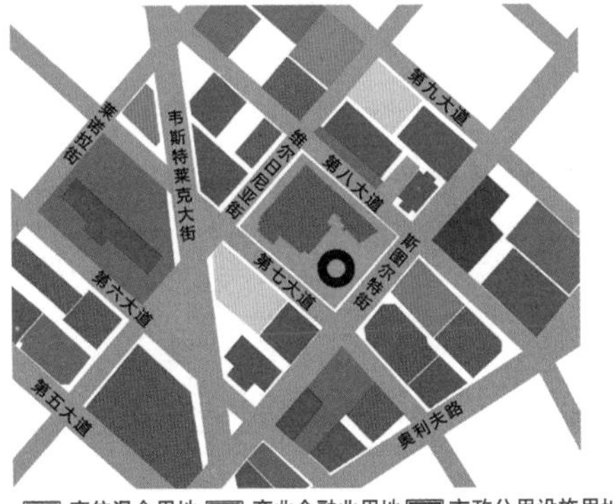

图5-3-2　区位图

典型案例3

西雅图联邦法院广场

Plaza of Seattle Federal Courthouse

名称：西雅图联邦法院广场

(Plaza of Seattle Federal Courthouse)

地址：美国西雅图韦斯特莱克区

性质：位于办公型街区的街旁绿地

设计公司：彼得·沃克联合事务所

(Peter Walker and Partners)

（1）基本情况

美国西雅图联邦法院广场（图5-3-1）由彼得·沃克团队于2001年完成设计，属于典型的位于街角的城市街旁绿地。由于当时美国正处于“9.11”恐怖袭击后的特殊背景情况下，因此设计师将保护与开放这对矛盾的主题在广场景观设计中进行了充分阐释，并确保广场景观与周边高楼的自然连接。

（2）位置及面积

西雅图联邦法院广场位于美国西雅图第七大道与第八大道之间，斯图尔特街（Stewart Street）与第七大道的交会处（图5-3-2）。斯图尔特街是城市主要道路，交通流量较大，广场主入口在斯图尔特街上，次入口朝向第七大道。

广场为较规则的四边形，占地面积约4100m^2。场地两面临街，其余两面被联邦法院大楼建筑包围。周边建筑功能以办公为主，多为高层建筑。

（3）空间组织

广场位于街区的转角处，同时是联邦法院大厦的主要出入口广场。为了处理好人流通行、穿越、停留等功能，场地进行了相应的功能分区。这些功能空间分别是交通空间、休憩空间、过渡空间和建筑大堂（图5-3-3）。

交通空间靠近两条道路的交会处，混凝土构筑界定了广场与街道空间，列植的白桦林形成的顶盖空间和石英岩石板与条形的间草铺装是这一空间的基本特征（图5-3-4）。白桦林内有一个下沉式的环形绿地，绿地中央竖立的铸铝雕塑起到标示和展示的作用（图5-3-5）。白桦林下视线开阔，行动不受阻挡，能满足人流穿行和便捷快速地进入联邦法院的需求。

广场休憩空间里最有特色的设计，当数位于东侧由三个水池组成的一组叠泉，错落的水面和流动的水体极具艺术性。此外树下的座椅给休憩的人群带来方便。柱状的构筑物明确地分隔了穿行和休息停留的区域，起到了动静分区的作用（图5-3-6）。

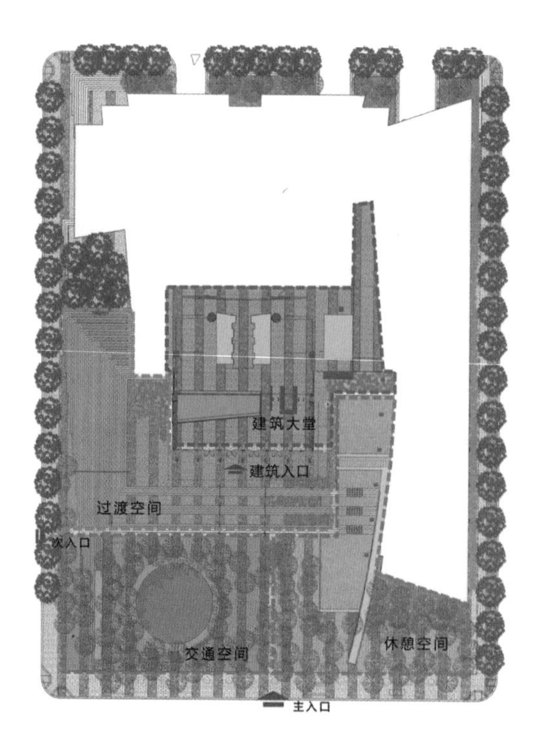

图5-3-3　功能分区图

图5-3-4　交通空间

图5-3-5　下沉式圆形绿地

图5-3-6 广场休憩空间的边界

图5-3-7 过渡空间

过渡空间由一系列踏步组成。从广场主入口到建筑的大堂，经过了三个上升的踏步序列空间，连接了建筑大堂、前广场交通空间以及跌泉水池，形成了一个多层次的景观整体（图5-3-7）。踏步的设计，可以缓解人流高峰时的拥挤。在这里也有阻隔危险的作用。建筑的大堂延续了户外广场的铺装形式，这一点又呼应了开放性景观的主题。

三层通高的大堂，立面采用透明的玻璃材质，从室内可以完整地看到室外空间，由此延续了室外的铺装和水池，保持了空间的整体性。

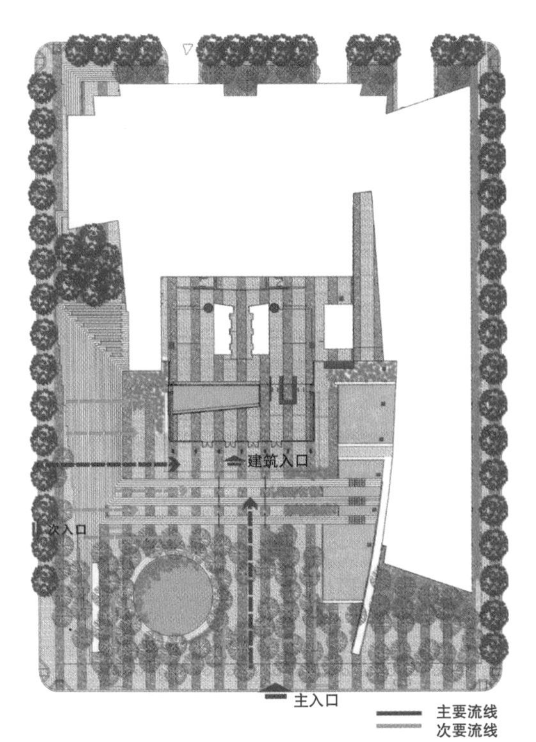

图5-3-8 流线分析图

(4) 行为活动

该场地处于行政办公中心，使用对象主要是周边工作的人群，以及经过此地的行人。场地中以行走穿越活动为主，人流分布如图5-3-8所示。主要包括从斯图尔特街和第七大道穿过广场进入联邦法院大楼的人流和两条街之间的穿行人流。

小坐休息是这一场地的另一项主要活动。下沉式的环形绿地的台阶、休憩空间中的座椅和过渡空间中的水池边界及踏步都为人们提供了就坐休息的空间（图5-3-9）。人们停下来感受着这里的林荫、绿地和静谧的水池，或读书看报，或观看着街上穿行的车辆和行人，或愉快地交谈聊天。

图5-3-9　下沉式环形绿地中的休息人群

（5）值得借鉴的设计

（a）功能分区满足不同需求

场地的不同功能分区满足了不同人群对广场使用的需求。在一片不大的场地内，通过合理而有序的动静空间划分赋予了场地生命力。人们既可以在这里找到快捷的穿越路径，也可以坐下来休息玩耍。这里已成为当地人喜爱的休闲放松场所。

（b）设计的整体性

场地设计的整体性体现在建筑门厅空间设计与环境设计的协调，以及景观设计风格的统一上。

联邦法院大厦门厅通高三层，建筑立面通透的玻璃交融了室内外的视线，建筑内的铺地及水体延续了广场的景观元素，共同形成一个统一的整体。

广场中的景观要素——桦树林、草坪、灌木以及各种造型的水池在布局上严格遵循几何构图的原则，材料的选择及施工细节的处理都极好地体现了极简主义景观设计的特征。因此，广场在满足各种需求的基础上，还具有强烈而统一的风格特征（图5-3-10）。

（c）功能复合性

在景观元素的运用方面，设计师还重视其复合性功能的发挥。以水体和台阶的处理为例，场地中水体景观的水来自于联邦法院大厦内部，层层升高的水池不仅仅是简单的景观元素，还可以阻断来自建筑外的危险。水池延伸到建筑内部，建筑内部的水池带有报警触发激光幕，这为建筑提供了一种隐蔽的防御功能。另外，水体中的水还有浇灌周围植物的作用（图5-3-11）。

台阶的处理也体现了功能的复合性。西雅图联邦法院广场的设计主题

图5-3-10　建筑和场地设计的整体性

图5-3-11　建筑前的水景处理

图5-3-12　次入口大台阶

是保护与开放，大台阶的上升空间在阻隔了来自外部的威胁的同时，又构成了过渡空间。另外，次入口一侧的大台阶经过处理后，又成为行人就坐的空间（图5-3-12）。

典型案例4

贝克公园 Beck Park

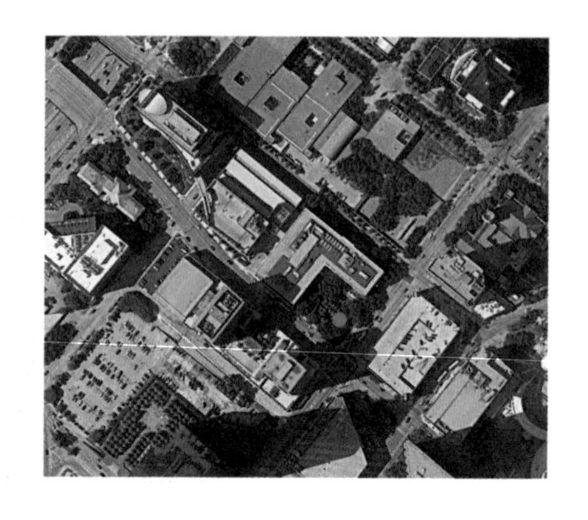

名称：贝克公园（Beck Park）

地址：美国得克萨斯州达拉斯玫瑰大道

性质：位于办公型街区的城市街旁绿地

设计公司：MESA景观设计事务所

获奖情况：2006年ASLA专业组荣誉奖

（1）基本情况

贝克公园位于美国达拉斯城区，2004年为了纪念贝克建筑工程事务所的奠基人亨利·贝克先生而建。受贝克家族的委托，公园的设计结合了贝克先生工作生涯中所使用过的建筑材料和方法，在表达纪念的主题之外，更为城市提供一个优雅舒适的小公园。该项目获得2006年ASLA专业组综合设计类荣誉奖（图5-4-1）。

（2）位置及面积

贝克公园位于得克萨斯州的达拉斯城区，玫瑰大道和阿卡德大街相交的街角处。

公园形状为矩形，长约50m，宽约48m，面积约为2400m^2。公园两面临街，东北和西北面毗邻建筑，属于典型的街角街旁绿地（图5-4-2）。

（3）空间组织

公园位于城市街角，但由于场地存在地形上的高差关系，设计师并没有敞开街角空间强调穿行功能，而是通过绿化的围合形成了中心性的、内聚而安静

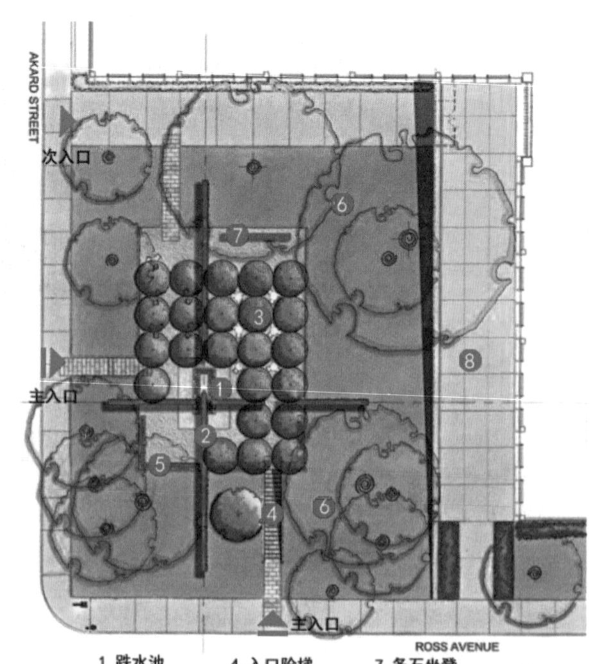

图5-4-1 平面图

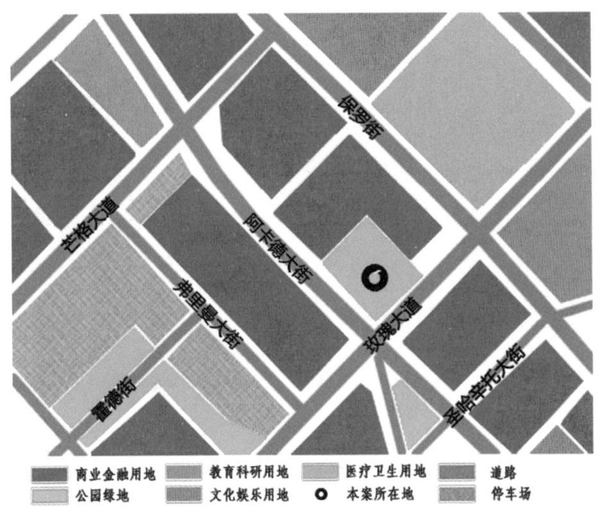

图5-4-2　区位图

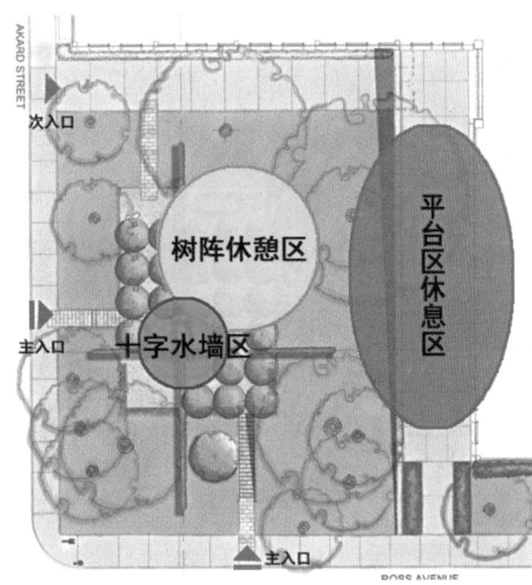

图5-4-3　功能分区图

的空间以体现纪念性的主题。整个场地按照空间组织方式可划分为：十字水墙区、树阵休憩区以及平台休息区（图5-4-3）。

十字水墙区是公园的核心景观区，十字交叉的墙体划分了矩形广场，水墙采用了贝克先生常用的素混凝土材料，一方面体现了纪念性的理念，另一方面也与紧邻建筑的色调相呼应（图5-4-4）。十字水墙形式简洁、理性、具有现代感，水景设计更是别具匠心。与墙体结合的跌水落入低水池，围绕低水池周边是略高的镜面水池，层次丰富的水景形成了视线的焦点，水流的声音烘托了安静的氛围（图5-4-5）。

图5-4-4　十字水墙

图5-4-5　中心水景

图5-4-6 枫树树阵

图5-4-7 条形平台

水池北面是树阵休息区，该空间由周边的绿化和南面的墙体界定。植物和混凝土墙强调空间的围合感和私密性，枫树树阵所形成的顶盖空间为人们休息提供了舒适的环境，可移动的室外家具和固定的长凳满足了人们小坐休息以及交谈的需求（图5-4-6）。

平台休息区短边的一端与道路相接，长边为公园的边界，平台实际是底层建筑的屋顶，与场地存在较大的高差，这为人们创造了不同的观景视点，从平台往下俯瞰中心广场更能感受几何分割的空间魅力（图5-4-7）。

（4）行为活动

公园位于繁华的市区，邻近办公大楼、酒店、学校和医院等，这片闹市区中的绿地像沙漠中的绿洲一样吸引了周边的白领、学生、医院职工等不同人群。

优美的环境使得市民能够躲过城市的喧嚣，感受自然的静谧。人们或是在角落的条凳上低声交谈，或是在中心区域聆听水声获得内心的平静，或是坐在入口的台阶上陷入沉思。晴朗的天气里附近的白领们会在枫树树阵下享用午餐，抑或在条形平台上闲坐休息，消磨一杯咖啡的光景。

（5）值得借鉴的设计

（a）氛围的营造

公园平面布局上采用理性的几何分割，以硬朗简洁的线条映衬建筑，

图5-4-8　公园东侧一角

图5-4-9　公园夜景

表达对建筑师贝克先生的缅怀。场地中部矩形广场空间通过外围的树林草地与喧闹的街道分开，保证了广场区域的静谧环境，同时对广场的下沉处理也烘托出纪念的氛围。十字穿插的混凝土墙体强调公园空间的围合感，整齐的树阵营造出使人安静思考的氛围（图5-4-8）。混凝土墙顶部的水渠处理是公园的点睛之笔，水流从墙体交叉点处流下，轻快的声音打破了纪念性主题的沉重感。公园的灯光设计也强化了空间氛围：树周围向下的汞蒸气发光体，创造出“月光”之境；广场内侧采用向上的灯光，金属的卤化混合物发出暖光，增添了秋季红黄的色调（图5-4-9）。

（b）植物的巧妙配植

贝克公园在设计时尽量避免移动原有的树木，保证了原有绿化的完整性。在植物配植上同样延续整体简洁明快的风格，外围倾斜的草坪上保留原有高大茂密的橡树，奠定公园宁静的基调。混凝土墙一侧种植常春藤，而广场中的枫树所形成的明快的色调丰富了公园景观的视觉效果，为人们提供了一处清爽、愉悦、醉人的公共活动空间（图5-4-10）。

图5-4-10　公园南侧一角

（c）对原有地形的灵活处理

贝克公园所处的基地是西北低东南高的斜坡，

设计师顺应地势将公园中部矩形广场布置为下沉空间，面向玫瑰大道和阿卡德大街的两条入口小径使公园与城市街道的衔接自然而不突兀。保留的橡树生长在随地形渐起的草坡之上，公园的核心景观混凝土景墙穿插在茂密的枝叶中，愈加显得神秘而安宁。相邻的建筑底层虽然采用落地玻璃门的形式，但通过公园中景墙、植物以及斜坡草坪的遮挡维护了私密性。建筑屋顶同时也是公园的观景平台，为游人提供了一处从高处欣赏景观的场所。设计师通过对场地地形的合理利用，创造出不同高度的观景点，进一步丰富了公园的观赏界面。

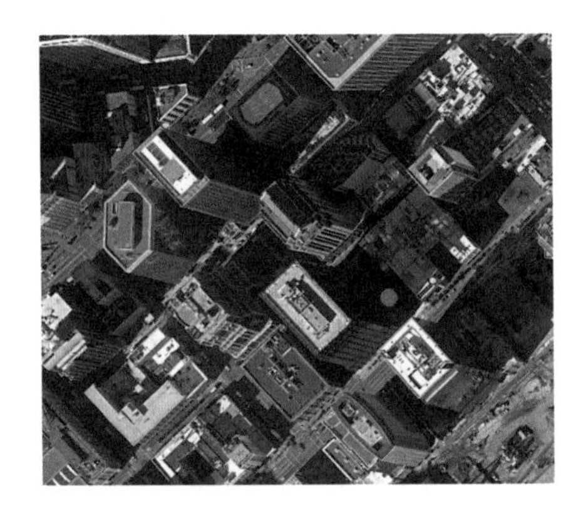

次入口

主入口

1. 入口水池
2. 休息草坪
3. 盆栽树阵
4. 竹林
5~6. 中心小广场

图5-5-1　平面图

典型案例5

米申大街560号街边公园 Mission Pocket Park

名称：米申大街560号街边公园

（Mission Pocket Park）

地址：美国洛杉矶米申大街560号

性质：位于商业型街区的街旁绿地

设计公司：Hart Howerton设计事务所

获奖情况：ASLA 2003设计大奖

7×7杂志 2004最佳新公共空间设计

（1）基本情况

米申大街560号街边公园建成于2003年，该公园由洛杉矶Hart Howerton事务所设计，同年获ASLA设计大奖。这是一个极简主义的景观设计作品，其简单而精致的元素不仅应对了场地带来的各种挑战，同时也在繁忙的城市里创造出了一个有活力的公共空间（图5-5-1）。

（2）位置及面积

本项目位于美国加利福尼亚州洛杉矶米申大街（Mission Street）北段。场地呈漏斗状，南北长约57m，南面入口处宽约33m，北面入口宽约21m，总面积约1400m^2，是典型的跨街区的城市街旁绿地（图5-5-2）。

场地下方为公共地下车库，南面为四车道的米申大街，东面是一幢七层的米黄色办公楼，北面临杰西街，西面为西萨・佩里设计的31层高全玻璃幕墙办公建筑。

（3）空间组织

场地的东、北、西三面均是高层建筑，形成很强的封闭感，尤其是东面一座七层建筑，整个立面为一片淡黄色实墙，显得极为单调。用地下面的地下停车场对场地荷载、植物种植深度以及防水处理提出了严格要求。此外对于洛杉矶来说，阳光是一种财富，一个场地是否具有活力与其是否能够享受到充足的阳光息息相关。

基于以上种种条件的限制，设计师在空间组织时首先进行了综合分析，在满足荷载条件基础上，按照全年的日照情况，将场地分为了日照区和非日照区。日照区作为最经常使用的区域，其功能定位为休息聚会。非日照区则定位为观赏和穿越。在此基础上划分出了休闲广场、休息草坪、休息树阵、水体景观区和穿越区等几个功能区（图5-5-3）。

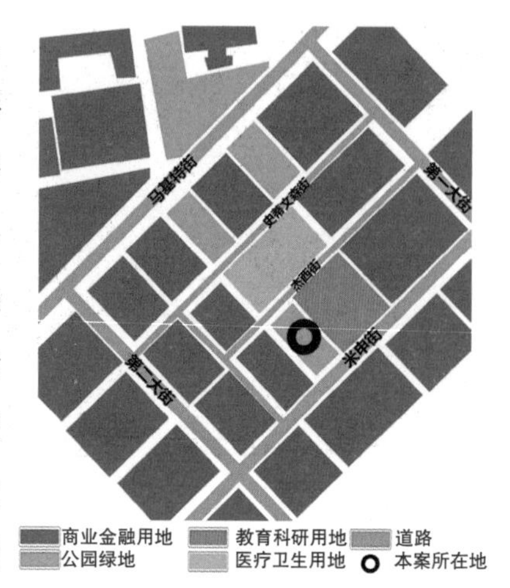

图5-5-2 区位图

位于场地日照区的休息空间由休闲广场、休息草坪和休息树阵组成。休闲广场是建筑室内空间的延伸，景观要素以硬质铺装为主，铺装采用与外面人行道相同的纹理，淡化了城市与场地之间的边界。广场中可移动的桌椅，为人们提供了休息、就餐、交谈的空间。中部的休息草坪分为3个标高不同的台地，这既解决了场地的高差问题，又为人们提供了可以小坐的休息设施（图5-5-4）。

入口处的水体景观区由观赏水池、汀步和水池中央的雕塑组成。水池和其中极具现代抽象效果的雕塑是小游园入口的标志,吸引着游人进入（图5-5-5）。

位于场地阴影区的穿越空间是一条斜向的便捷路径，虽然这条小路是为解决人们快速穿越的需求而设计，设计师仍通过精心的植物配置达到了“步移景异”的效果，人们在短短的穿越过程中也可以享受到景观的变化（图5-5-6）。

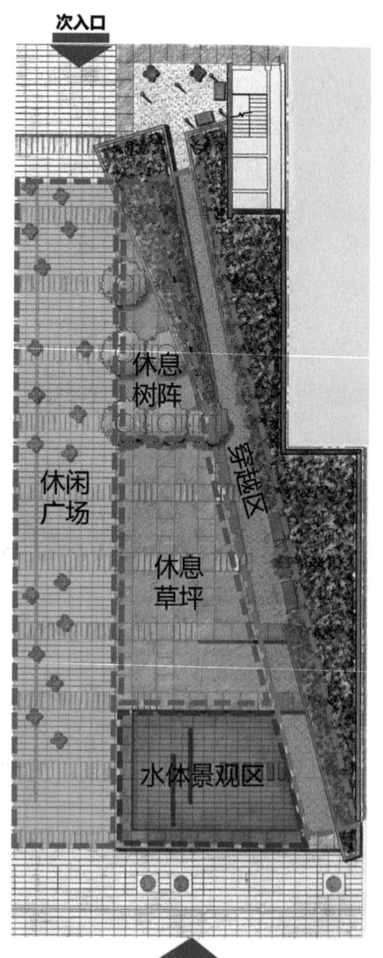

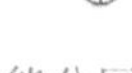

图5-5-3 功能分区

（4）行为活动

场地中的行为活动主要有两种，一类是穿越，另一类是休憩。设计师精心考虑的斜向通道，是从米申大街到杰西街的便捷穿行通道，这为匆匆赶路的人们提供了方便。西面建筑一层的咖啡厅为在此休息的人们提供了饮料和食物，可移动的座

图5-5-4　分台的休憩草坪

图5-5-5　入口标志性雕塑

图5-5-6　穿越小径

椅、台阶、水池边界等营造出各种类型的休憩空间。在工作的间隙，这里会吸引大量的人流，小坐、就餐、晒太阳、看书、聊天等活动使这里充满了活力（图5-5-7）。

图5-5-7　场地中的各种活动

（5）值得借鉴的设计

（a）个性鲜明的风格化设计

米申大街560号街边公园最值得借鉴的是其个性鲜明的风格化设计。设计师运用极简主义的手法，成功地解决了功能技术与视觉美观上的矛盾。首先在日照、行为、视线、荷载等要素分析的基础上，通过简洁的平面形态和高差变化，划分出了穿行和休憩空间。其次，利用简单的植物进一步丰富空间层次和视觉效果。整个场地仅选用了两种植物，在穿越区种植了茂密的竹丛——选择竹的原因一方面源于屋顶荷载的限制，另一方面是竹子易形成浓密的绿色背景，与红色的墙面相映衬，形成个性化的景观效果。场地中的另一种植物是红枫，红枫对土层厚度要求较高，因此选用了尺度较大的种植容器，种植容器摆放在分台布置的草坪上。红枫构成的树阵将原来单一的草坪休憩划分为两种不同性质的休息空间，同时红色的树阵还丰富了视觉效果。此外，规则的镜面水池、雕塑、可移动的桌椅、铺装、座凳等景观要素在形态设计、材质选择、施工细节的处理等方面，无不体现了极简主义的风格（图5-5-8）。

图5-5-8　从整体到细节的风格化设计

图5-5-9　公园夜景

（b）多样化的空间形式

本项目另一值得借鉴之处是通过简约的设计手法营造了丰富的空间形式，这些空间包括由底界面（铺装、草坪）界定的休息、交往空间，由底界面（草坪）和顶界面（树阵）界定的休憩空间，由底界面（铺装）、顶界面（竹）和侧界面（竹、矮挡墙）界定的穿越空间以及用底界面（水体）和设置方式（雕塑）界定的焦点景观空间等。这些丰富的空间满足了场地中的各种活动要求，同时也形成了具有丰富层次的景观效果。

（c）戏剧化的光影效果

这个项目的另一个突出特点是精心营造出的特殊光影效果。白天，阳光照耀着场地的大部分区域，强日光区的水池和雕塑吸引着行人来到这里，竹林和枫树形成的树影让人们停留其中。为使竹林与其后的建筑相映衬形成强烈的视觉效果，设计师利用建筑墙面设计了9m高的红色背景墙，与大片的竹子之间形成虚实相间的空间效果，竹叶所形成的摇曳不定的光影效果软化了混凝土实墙，同时也与西面的玻璃幕墙相呼应，强化了场地整体的光影景观。夜间，良好的照明吸引了周边众多的人。藏在竹丛中的投射灯将光线投射在红色的墙面上，营造出震撼性的视觉效果，同时也解决了竹林小径夜间的安全性问题。面状光源为人流集中的休闲广场和休息草坪提供了夜间照明。沿水池和草坪台地以及铺地设置的光纤照明勾勒出广场的各种景观要素（图5-5-9）。白天和夜晚变换的光影效果为场地创造出丰富而有魅力的城市表情。

典型案例6

国会大厦广场 Capitol Plaza

名称：国会大厦广场（Capitol Plaza）

地址：美国纽约曼哈顿地区Chelsea Heights居民区

性质：位于生活性街区的街旁绿地

设计公司：托马斯·巴斯莱联合事务所

（Thomas Balsley Associates）

获奖情况：ASLA 2004纽约分会荣誉奖；

ASLA 2005综合设计杰出奖

（1）基本情况

该项目由托马斯·巴斯莱联合事务所（Thomas Balsley Associates）设计，完成于2003年，设计包括场地、建筑、小品、喷泉、灯光等。该项目获得了2004年度ASLA纽约分会荣誉奖，以及2005年度ALSA综合设计杰出奖。

通常情况下，城市中心开放空间，尤其是小型的街旁绿地，很难同时得到公众、专业人士和管理机构的认可。然而，由于该项目既对使用者需求进行了深入的分析，又有对设计过程的严格把控，以及广泛的宣传，最终得到了来自城市规划委员会和社区委员会的一致好评。

由于曼哈顿地区城市公共开放空间比较少，国会大厦广场的设计目标是给人们提供一个可休憩、观赏、就餐的富有活力的城市公共空间。该作品灵活地运用了景观设计的各种元素，在繁忙的城市里创造出了一个具有活力的开放空间（图5-6-1）。

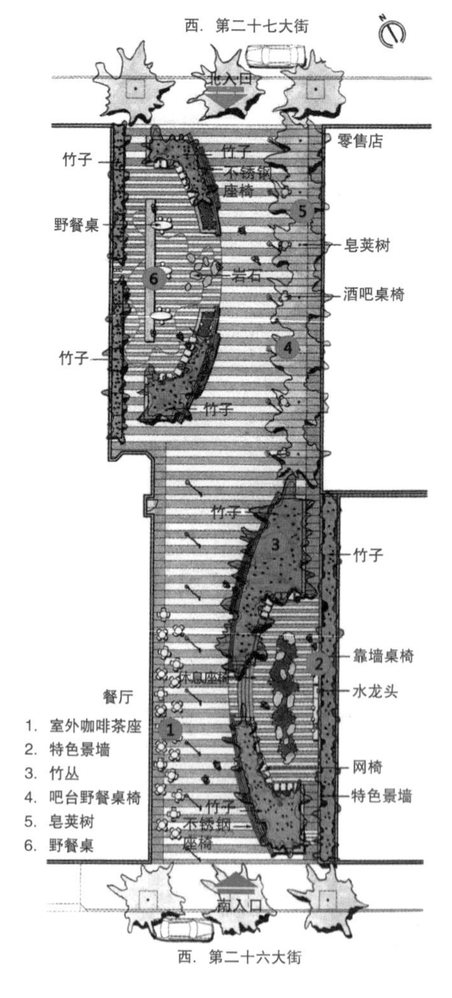

图5-6-1 平面图

（2）位置及面积

国会大厦广场位于曼哈顿第六大道东侧的Chelsea

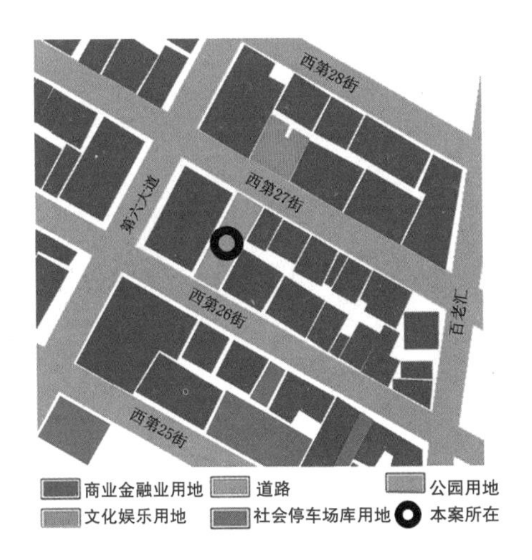

图5-6-2　区位图

Heights居民区，左右两侧均为高层建筑，南北分别连接着西26街与西27街，西侧紧靠第六大道。该广场属于典型的跨街区的城市街旁绿地，场地为规则的长方形，南北约为60m，东西方向最宽处约为17m，最窄处约为14m，总面积约为950m²（图5-6-2）。

（3）空间组织

场地被几片爬满藤蔓植物的弧形薄墙划分为几个不同的功能空间，同时通过绿化和台阶强化了空间划分，使整个空间显得丰富而多变。整个场地分为野餐区、休息区和户外餐饮区三大块（图5-6-3）。

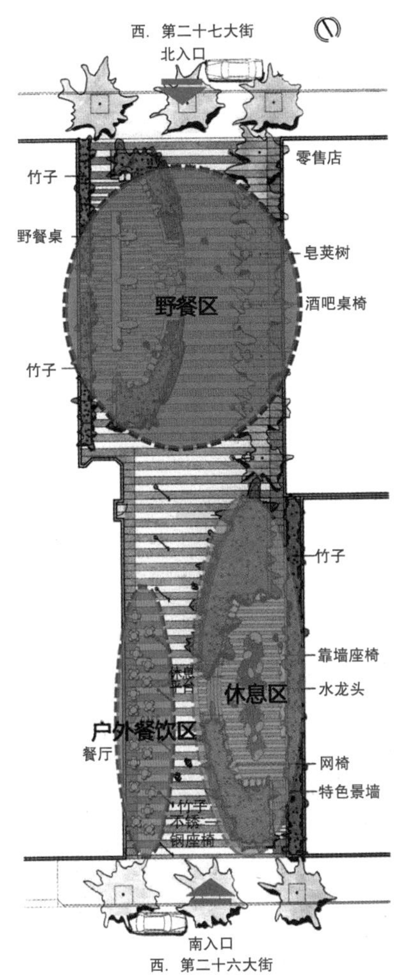

图5-6-3　功能分区

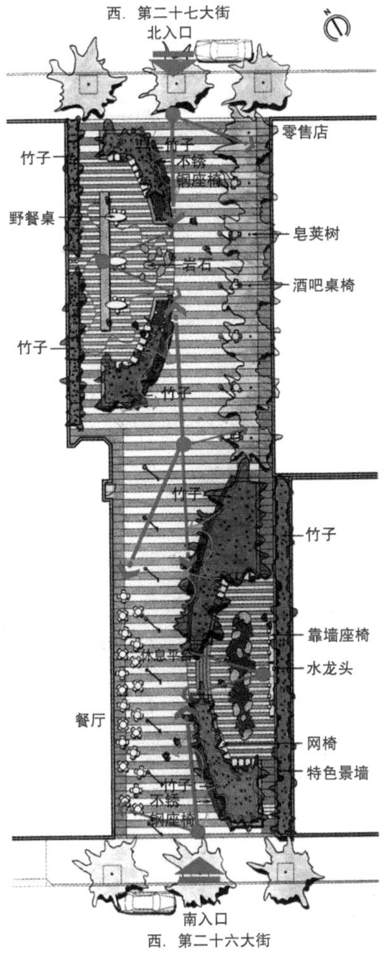

图5-6-4　视线分析

野餐区位于北部的较阴凉的区域，两块曲形的薄墙将整个大空间划分成了两个私密程度不同的小空间。被弧形墙以及浓密的竹子环绕的空间相对私密，但是身处其中，人们可通过竹林及出入口看到通道以及通道对面的区域（图5-6-4）。另一小空间是吧台野餐区，其空间相对开敞，与主要人行流线产生了更加直接的联系。一排酒吧桌椅顺着皂荚

图5-6-5 野餐区

树排列，给前来就餐和休息的人群提供了一个更加休闲和开阔的区域。定制的不锈钢家具，如条桌、可旋转的凳子以及与咖啡桌连接的长椅等，给想坐下来休息的人们提供了多种的选择性（图5-6-5）。

休息区位于整块场地的东南部，是一块被抬高的区域，同样是由两片薄墙对空间进行界定。浓密的竹子使得整个空间显得更加私密，从此处能够俯瞰对面广受居民喜爱的户外咖啡厅。顺着南北向边界是一块30m长的波浪状的金属墙，它被涂抹上鲜亮的红色，目的是为了吸引从第六大道而来的行人（图5-6-6）。

图5-6-6 休息区

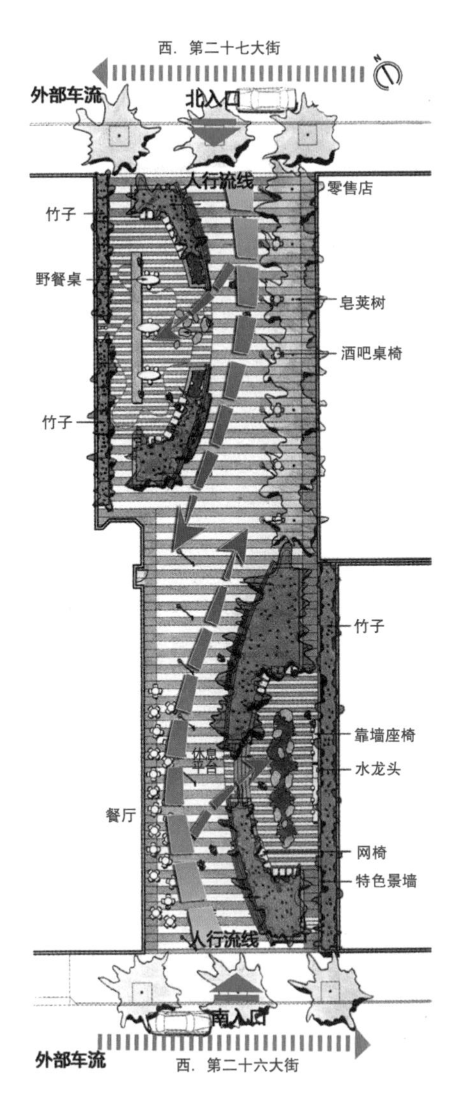

图5-6-7 流线分析

户外餐饮区即室外咖啡厅，这里阳光充沛，一侧紧靠餐厅，另一侧布满了浓密的竹林，人流从此经过或在此停留。沿弧形的曲墙设置了可移动的座椅，这里既可停留用餐，又有可观赏的景观，因此很快成为居民喜爱的场所。

（4）行为活动

场地内的人流主要来自西26街与西27街，南北入口为其主要的通道口。内部交通主要以步行为主，机动车交通集中在南北两侧的道路上（图5-6-7）。

场地的活动主要有穿越和休憩两种。一方面由于场地联系了南北两侧的交通干道，使其具有一般性的穿越功能。另一方面由于场地出色的外部空间设计，为周边的居民以及上班族提供了绝佳的休息场地，因而吸引了大量的人流。小坐、聊天、就餐是这一场地发生的主要休憩活动。另外，特色景墙以及美妙的夜景也会在傍晚时分吸引大量的人群前来参观游览（图5-6-8）。

图5-6-8 场地中不同类型的休憩活动

（5）值得借鉴的设计

（a）丰富的空间层次

利用两组弧形花池与座椅结合的形式划分空间，将原本一览无余的直线型流线转变为曲线型，不仅增加了游览的趣味性，也为前来休闲的人群提供了更多的休憩空间，丰富了空间层次。

通过运用墙体、花池、竹子等景观元素，以及采用不同的铺装、抬高休息空间等手法强化了空间划分，既满足了通行和停留的不同需求，又使二者互不干扰，同时对视线做一定程度的遮挡。竹子作为软性屏障，与较矮的弧形薄墙及花池结合，保证了场所内部各功能空间的相互渗透，避免了生硬的空间分割感（图5-6-9）。

（b）复合性的功能设计

设计经过多方面的调查研究，将场地由原来较单一的功能空间转化为一个多功能复合的开放空间。虽然场地面积有限，但却满足了前来的人群多方面的需求，同时给人们提供了多种选择。设计按照日照规律进行功能布局，合理地安排阴影区与日照区，使场地细节更为宜人（图5-6-10）。

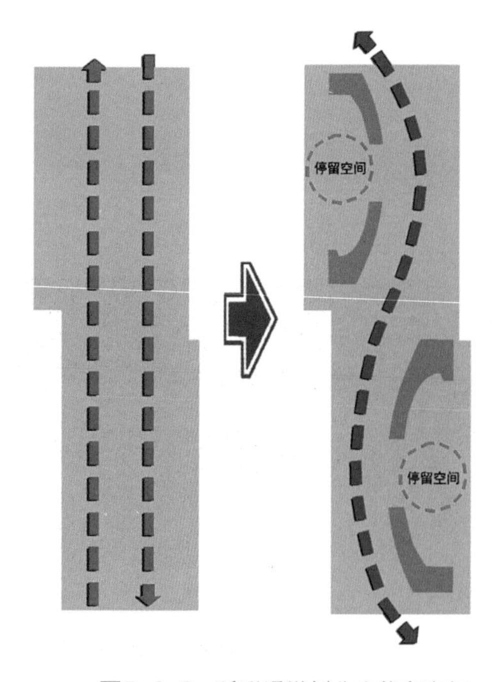

图5-6-9　弧形通道划分出停留空间

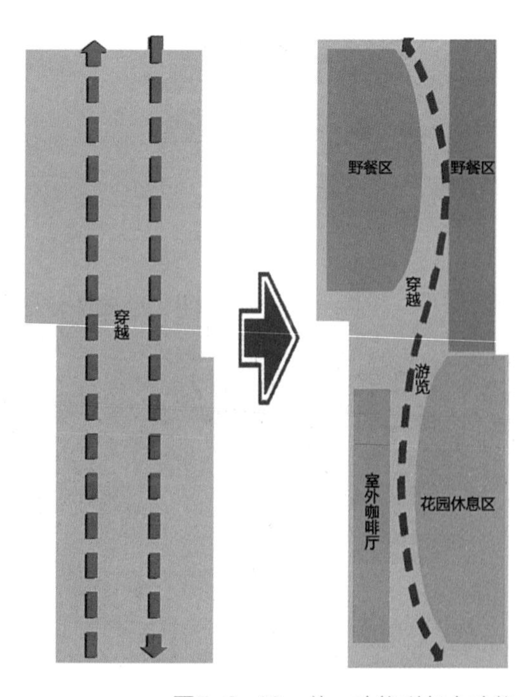

图5-6-10　单一功能到复合功能

图5-6-11　色彩鲜亮的特色景墙

图5-6-12　暖色调的地面铺装

图5-6-13　夜景效果

（c）景观小品与色彩

富有特色的景观小品设计，是该场地设计的亮点所在。红色的景墙为整个场地增添了一抹鲜亮的色彩，与竹子的搭配不仅柔化了原本生硬的建筑立面，同时也拉近了建筑与风景的距离（图5-6-11）。场地内多种形式的桌椅均为精心设计和专门订制，在满足人们多种使用需求的同时，提高了整个场地的艺术品质。

国会大厦广场在色彩的把握上是一个很好的典范。鲜亮的红色景墙、浓密翠绿的竹林、暖色调的铺地（图5-6-12）、银色光亮的不锈钢桌椅、色彩丰富的夜间照明（图5-6-13）等等一系列大胆色彩的使用，为场地注入了更多的活力因子，增添了休闲娱乐的氛围。

典型案例7

泪珠公园 Teardrop Park

名称： 泪珠公园（Teardrop Park）

地址： 美国纽约曼哈顿下城

性质： 位于生活性街区的街旁绿地

设计公司： 迈克尔·范·瓦肯伯格景观设计事务所
（Michael Van Valkenburgh Associates）

获奖情况： 2009年ASLA综合设计荣誉奖

（1）基本情况

泪珠公园由迈克尔·范·瓦肯伯格景观设计事务所设计，设计的目的是创造满足社区休闲活动，尤其是儿童活动的公共场所。设计者利用公园的空间结构和对自然形式的重新定义，在一块平坦、毫无特色可言的场地上，创造出了一个适宜于社区活动和儿童游戏、探险的空间。借助于创造性的设计，公园中丰富的地形、互动的喷泉、自然的石块为都市的人们提供了与大自然亲近的场所。公园于2004年9月30日建成开放，开放以后获得各方好评，并获得2009年ASLA综合设计荣誉奖。ASLA竞赛组委对其评价是："在这公园中人们能感受到私密性。它就像城市中的世外桃源，让人们远离城市的喧嚣。"（图5-7-1）

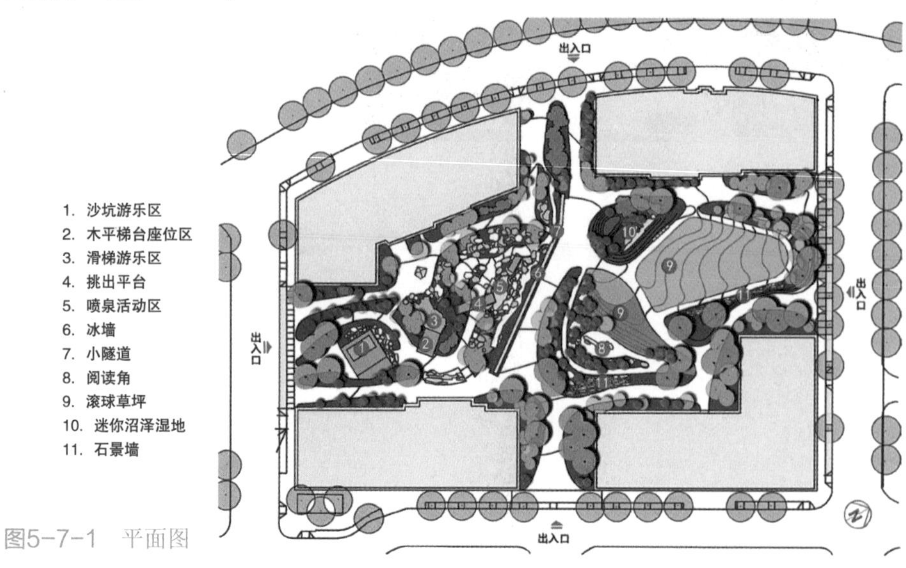

图5-7-1 平面图

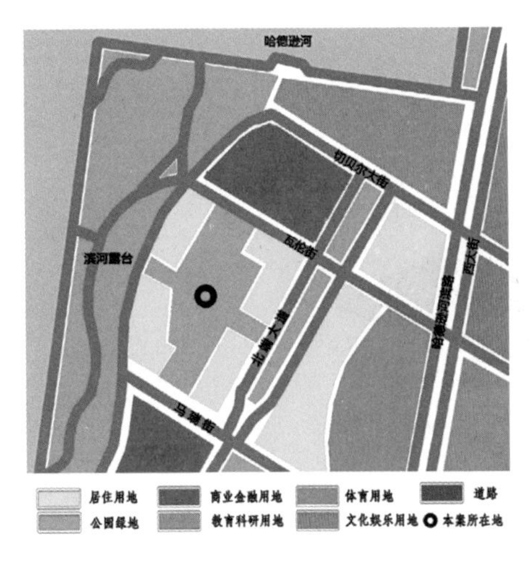

图5-7-2　区位图

(2) 位置及面积

泪珠公园位于纽约曼哈顿下城的多功能社区，横跨于瓦伦街（Warren Street）与马瑞街（Murray Street）之间，在滨河露台（River Terrace）和北端大道（North End Avenue）设有开口。该公园属于跨街区的城市街旁绿地。

公园形状为不规则的多边形，面积约为7300m^2。除与道路相邻外，其他边界为高层公寓建筑（图5-7-2）。

(3) 空间组织

公园出入口分别设置在四个方向，开放式入口与四周的主次干道衔接，吸引人流的进入。公园整体用地呈南北走势，北高南低，设计师利用贯穿场地东西方向的道路和线形的墙体，将场地分为北部安静休息区和南部动态活动区（图5-7-3）。

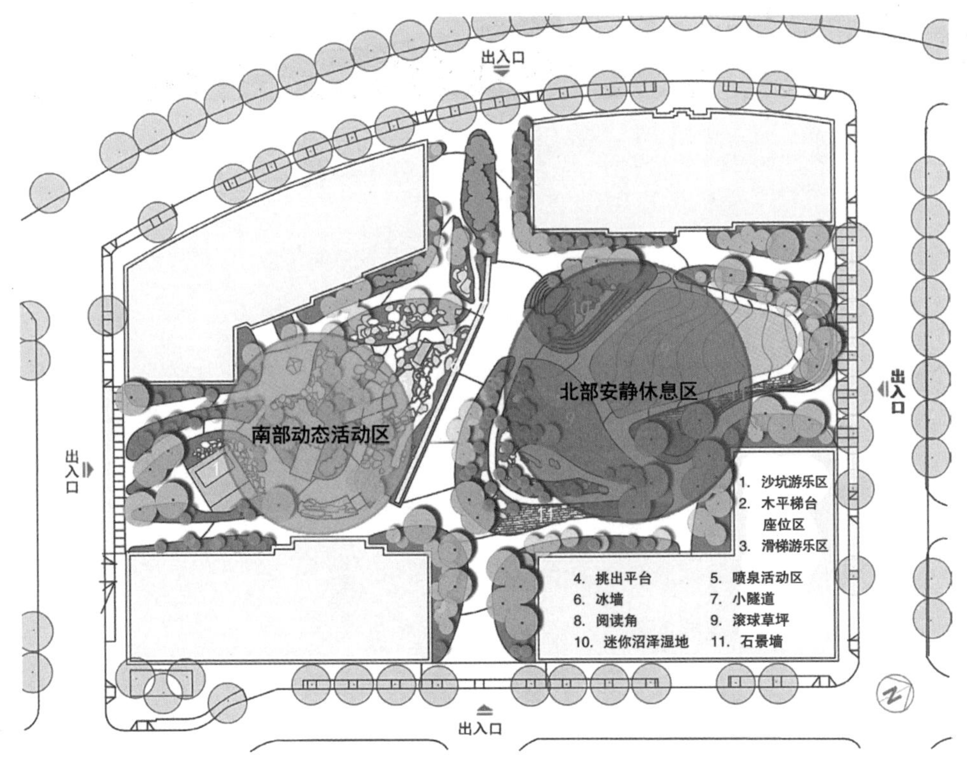

图5-7-3
功能分区图

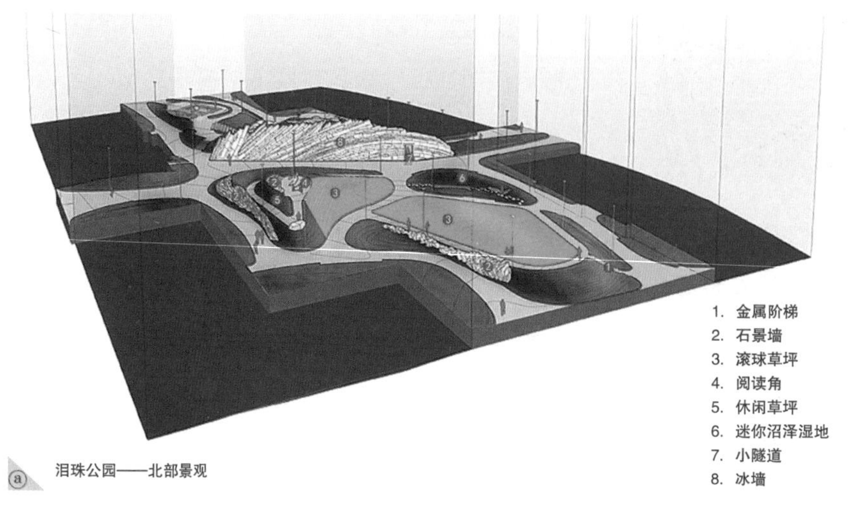

ⓐ 泪珠公园——北部景观

图5-7-4　公园北部功能组成

在公园的北部，由几条穿行的步道划分出了两个滚球草坪、阅读角以及一个迷你沼泽湿地。滚球草坪是开敞的休息空间，在这里可以沐浴温暖的阳光；阅读角紧挨着草坪，另一侧的边界由石景墙围合而成，散布在硬质场地中的石头可以起到桌子和凳子的作用，供孩子们在此阅读、学习；沼泽湿地面积很小，但这里却是孩子们最喜欢的探险空间（图5-7-4）。

公园南部区域是儿童活动的空间。根据不同年龄段儿童的行为特点，布置了沙坑游乐区、滑梯游乐区、木质梯台座位区、喷泉活动区等。各活动空间由地形、石头和植物等景观要素界定，既相对独立又相互联系：喷泉活动区与滑梯游乐区存在高差，通过在处于高处的喷泉区设置挑出的平台沟通了两个空间的视线；而木质梯台座位区是滑梯游乐区的边界，同时又是到沙坑游乐区的梯道。连续性的游憩空间的安排满足了不同年龄段儿童的活动要求（图5-7-5）。

分隔公园南部活动空间与北部休憩空间的线形石墙是公园景观组成的亮点和视觉焦点。设计师选用了当地盛产的石材，通过艺术化的设计，结合水景和植物，形成了荒野的自然景象。从石缝涌出的水会在冬季结冰，因此，这面石墙也被称为“冰墙”。“冰墙”四季景色的变化唤起了人们对乡土景色的记忆，也吸引人们进入场地（图5-7-6）。

（4）行为活动

泪珠公园是一个深受儿童欢迎的乐园。公园利用自然元素结合其地形条件，创造出多变的活动空间，将游人参与到其中的可能性无限增大。儿童可在其中攀岩、滑索、戏水、探险等，而因高差所产生的阶梯以及北部开阔的草坪都为家长们提供了休憩场所（图5-7-7）。

图5-7-5　公园南部功能组成

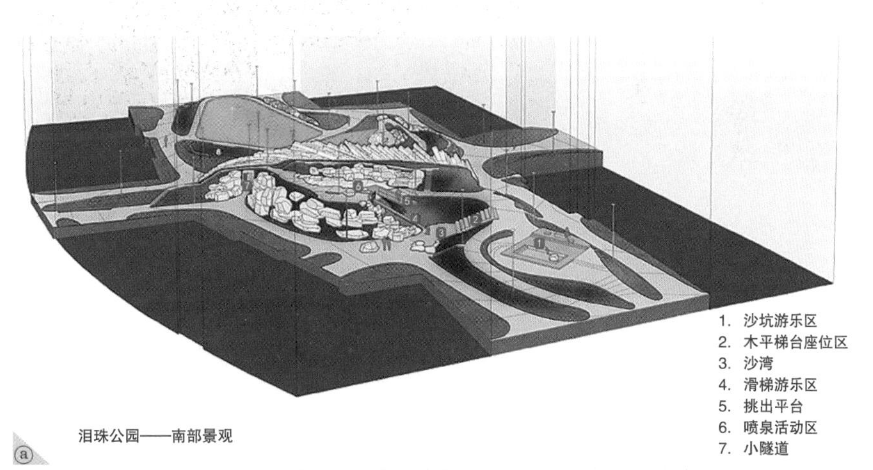

图5-7-6　线形石墙——“冰墙”

不同年龄段的儿童可以参与到不同的活动中：婴幼儿在父母陪伴下在沙坑里玩耍；大一点的孩子们沿着堆叠的石块爬到顶处，再顺着滑梯滑到沙堆中，滑梯平台的喷泉可供孩子们自由控制，这为他们带来乐趣；学龄儿童可以在沼泽湿地探险，在阅读角学习。

(5) 值得借鉴的设计

(a) 现代手法诠释自然精神

泪珠公园最大的特点就是利用地形、叠石、水景、植物等景观要素，通过抽象、提炼以及艺术化的现代景观设计手法，再现了自然的景色。

分隔公园南北两部分的线形石墙，与水景和植物的巧妙搭配，塑造出了独具自然魅力的景观。北部从土地中冒出的象征地质剖面的序列石阵，

图5-7-7　公园中的各种活动

以及充满野趣的迷你沼泽等景观是对纽约附近凯兹基尔（Catskill）山脉景色的提炼。通过人工艺术化处理的这些景观，唤起了居民们对荒野中自然景象的记忆，也增加了他们的归属感（图5-7-8）。在植物配植方面，利用乡土和非乡土植物的混杂搭配，整个公园植物景观呈现出自然的面貌，尤其是迷你沼泽区的种植设计，更采取了自然播种的策略，让植物能自由地生长。

（b）地形塑造突破场地限制

公园所处的基地自然条件比较恶劣，存在地下水位较高、土质不佳、干冷风猛烈等众多限制因素。但是，设计师通过地形的改造，突破了场地面积的限制，在有限的用地中实现了景观功能的复合多样化，丰富了空间层次。

由于场地北部日照时间较长，设计师通过地形塑造将其设计为两块滚球草坪，形成了开敞明亮的休息空间。而南区虽然有很大比例的阴影区，但经过地形改造，不仅挡住了来自哈德逊河的强干冷风，还形成了上下两层不同的空间——上层空间是喷泉活动区和出挑的景观平台，下层打通的隧道则连接了公园南北两区。地形的塑造创造出了多变的空间，提供了多种可能的游览路线，使整个公园变得更加丰富迷人。

（c）游戏空间启发儿童思维

在泪珠公园的设计中，儿童游戏活动空间的建构是其中的一大亮点。设计师利用大自然中无处不在的岩石、沙、水、植物等元素，通过巧妙的

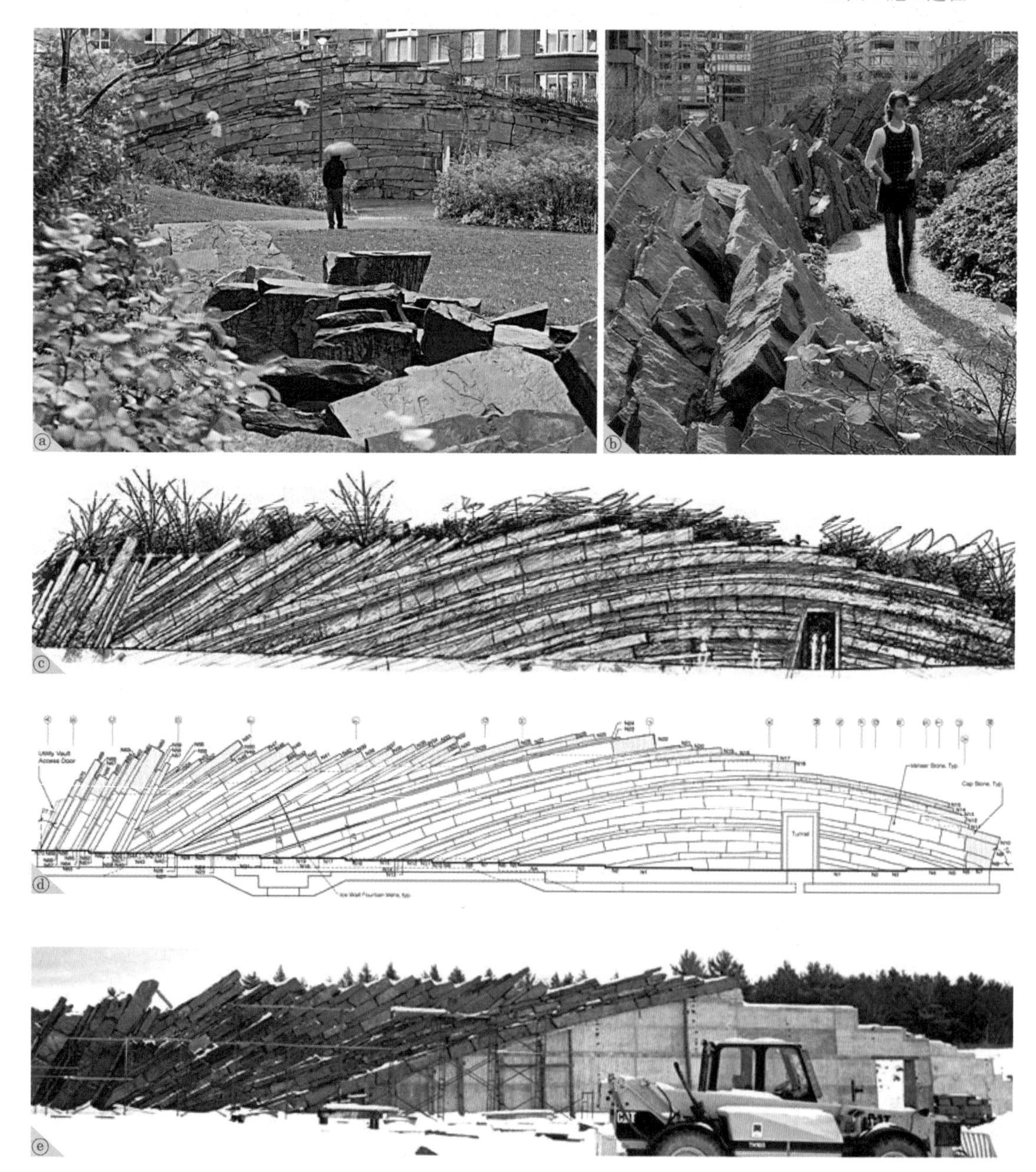

图5-7-8　公园中艺术化处理岩石景观

ⓐ实景照片ⓑ实景照片ⓒ概念性草图ⓓ施工图ⓔ施工过程

地形塑造与景观组合，创造了层次丰富并具有连贯性的游戏空间。这些空间不仅满足了各种年龄段的儿童游戏的需求，还激发了他们的个人潜质，唤起了他们对大自然的热爱及探索的精神，这对启发儿童的思维起到了极大的作用。

典型案例8

巴斯莱公园 Balsley Park

名称：巴斯莱公园（Balsley Park）

地址：美国纽约曼哈顿西区第九大道

性质：位于生活性街区的街旁绿地

设计公司：托马斯·巴斯莱设计师事务所

（Thomas Balsley Associates）

设计师：托马斯·巴斯莱（Thomas Balsley）

史蒂芬·图普 (Steven Tupu)

（1）基本情况

巴斯莱公园原名西菲尔德广场，原场地修建于1978年，由于它的形态和使用功能不能满足周边居民的需求，因此建成以后并未受到欢迎，加之年久失修最终成为一个了无生趣的场地。1998年托马斯·巴斯莱设计师事务所对其进行了重新设计，设计的核心任务是激发这一场地的活力，使其成为受居民欢迎的场所。设计师在新的方案中布置了儿童游戏场、花坛、咖啡座以及可以晒太阳的草坪等空间，这些空间很好地满足了周围社区居民日常休闲活动需要，因此重新获得了人们的青睐（图5-8-1）。

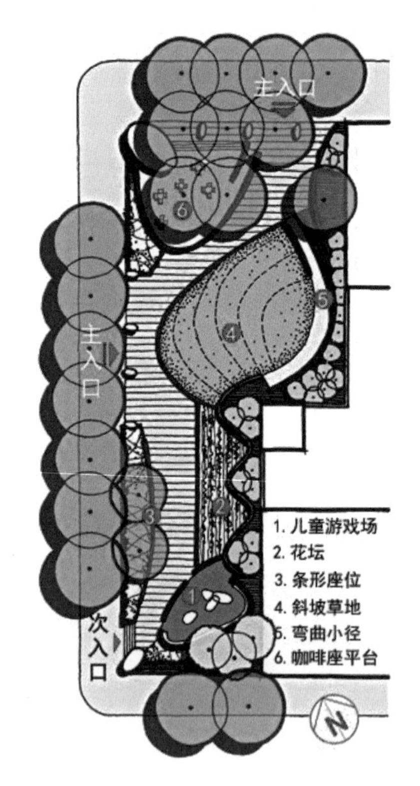

图5-8-1 平面图

（2）位置及面积

巴斯莱公园位于纽约曼哈顿克林顿社区，这一社区以工薪阶层的居住人群为主。公园用地在曼哈顿第九大道东侧，横跨西57大街和西56大街，属于典型的三面临街的城市街旁绿地。

公园形状近似长方形，长约71m，宽约22m，面积约为$1600m^2$。公园三面临街，东侧一面毗邻建筑（图5-8-2）。

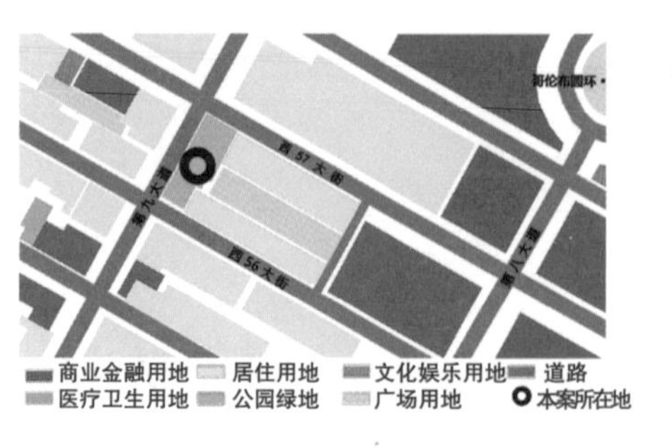

图5-8-2 区位图

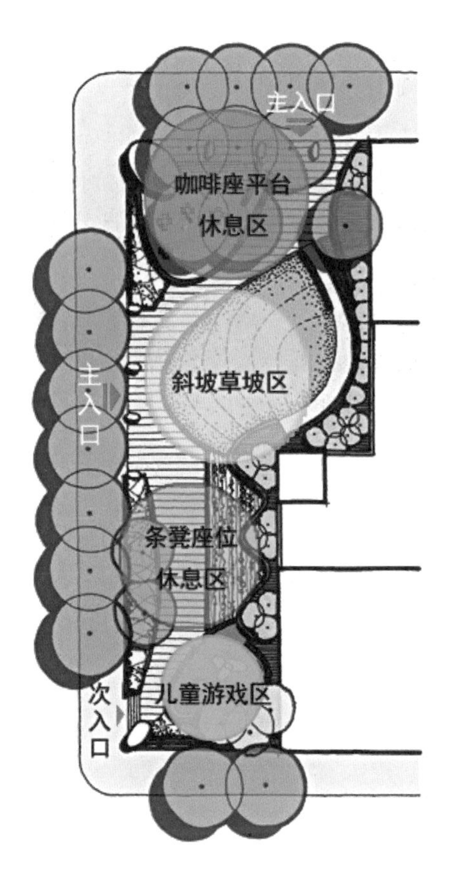

图5-8-3　功能分区图

（3）空间组织

公园用地为长方形，由于场地三面临街，加之场地北面有公交站和地铁站，因此除考虑本地居民日常的休闲活动使用外，还要满足人们穿过场地便捷地到达车站的需求。设计师在对人们的行为活动做出细致分析的基础上，通过曲线形的穿越道路，将场地划分为四个主要的功能区，即：咖啡座平台休息区、斜坡草坪区，条凳座位休息区和小型的儿童游戏区（图5-8-3）。

场地北部入口的附近是扇形的咖啡座平台休息区，该空间以地形变化及栏杆相结合的方式界定，适当抬高的平台使休息空间的活动与通行的人流互不干扰。独立的空间，树冠的覆盖以及带桌子的座位为人们较长时间的停留提供了良好的条件（图5-8-4）。

斜坡草坪区为开敞的空间，舒适的缓坡、温暖的阳光使这里成为一个自由放松的休息区域，人们在草坡上或躺或坐，可以惬意地享受休闲的时光。而草坡边缘的红色花坛既提供了条形的座位，也增加了场地的艺术氛围。在草坡的后面设置了一条弯曲的小径，简洁的红色垂直管墙作为草坡的背景屏障，其后葱郁的植物起到软化建筑墙体坚硬质感的作用（图5-8-5）。

图5-8-4　入口咖啡座平台

图5-8-5　弯曲小径

图5-8-6　条凳座位休息区

图5-8-7　儿童游戏区

条凳座位休息区位于穿行道路的两侧，西侧沿花坛布置了一排金属的座椅，东侧则延续了草坡边缘红色的花坛，花坛中缤纷的植物与弧形蜿蜒的绿色墙体相互穿插，掩饰了建筑墙面的呆板，形成公园中一道亮丽风景线。西侧座位区既可以看到对面美丽的景色，同时又有浓密的树荫覆盖，因此成为人们喜爱的休憩之地（图5-8-6）。

公园南端的角落处布置了儿童游戏区，通过红色的矮墙和垂直管墙界定出了这个相对独立的空间，强烈的围合感增加了空间的安全性。出于安全考虑地面采用了特殊的材料铺装，沿边界布置的座凳满足了家长们休息的需求（图5-8-7）。

（4）行为活动

公园重建后吸引了周边各个年龄段的大量游客，既有周边社区的老年人和家长陪同下的儿童，又有附近的医院职工和蓝领工人，还有来自市中心的白领、高中生以及其他单独或者三五成群的人们。

公园中主要的行为活动有穿越、休息、儿童游戏和小型交易。穿越的行为主要发生在公园北部的街角，走捷径的心理促使人们从第九大道通过场地穿越到西57街，场地中弧形的道路很好地满足人们的这一需求，同时大量穿越的人群也为公园带来了活力和人气。

休息、游戏是这一公园中的主要活动。当天气合适的时候，这里就是午餐、聚会、晒太阳、读书、玩耍、享受柔和的微风或者是观察这一切的绝佳的场所。不同年龄、不同职业的人们都可以在这里找到合适的休息和

图5-8-8　各种行为活动

交流空间（图5-8-8）。

位于西57大街街角处的咖啡亭和露台供咖啡亭经营者免费使用，但条件是保持常年开放，以此来保证公园人群活动的持续性与安全性，同时也有利于移动家具的管理。

（5）值得借鉴的设计

（a）空间与流线的组织

公园的平面布局打破了城市街道规整的网格形态和秩序，流线型的道路划分出不同的功能空间，椭圆、弧形、波浪形的空间形式营造了轻松活跃的氛围，顺畅的流线满足了人们走捷径的穿行需求，行人的不断出现及行走保证了场地的活力，同时也增加了在长椅上、草坪上以及儿童游戏区的人们驻足停留的时间。

（b）边界空间的艺术化处理

公园用地三面临街，另一面是建筑墙面，墙体的单调、陈旧，成为公园景观营造的不利因素。设计师通过边界空间艺术化的处理改变了这一不利的状况，红色的花坛、红色管墙、绿色的弧形墙体、常绿植物、色彩艳丽的花卉交错而连续的组合，形成了景观层次丰富的背景。对比度强烈的色彩，变换的形态完全打破了墙面边界的单调与沉闷，形成具有艺术感和富有吸引力的边界空间（图5-8-9）。

（c）高差的处理与尺度的把握

巴斯莱公园虽然基地较为平坦，但是通过细致的竖向处理避免了公园一览无余的单调乏味。首先在北面结合入口布置了约0.6m高的咖啡座平台，作为公园的最高点，具有良好的观赏面，使得人们在室外边喝咖啡边可以欣赏到公园的全景，同时也能看到第九大道和57号街的热闹街景。其次是公园中部的大草坡，微地形的处理手法使景观视线得到一定的遮挡，同时加强了其后弯曲小径的私密性。

公园对于不同功能区尺度的把握同样值得借鉴。设计师通过不同使用人群的活动频率分析，设计了面积较大的平台休息区和草坡以满足周边人群最主要的休憩功能。而休息区旁宽度不足1m的弯曲小径强调了其私密性，与条形坐凳一起创造出宜人的尺度。约2m高的绿色弧墙作为草花背景的同时又不至于遮挡其后的植物，亲切宜人。条凳座位休息区约3m的道路空间既满足穿行需要又为休息的人们留出了适宜的距离。公园中每个空间的尺度都掌握得恰到好处，既没有过大的尺度产生突兀感，也没有过小的空间导致局促感，因而在不大的场地中营造出了舒适惬意的环境氛围。

图5-8-9　修建前后对比图

典型案例9

布莱恩特公园 Bryant Park

名称：布莱恩特公园（Bryant Park）

地址：美国纽约曼哈顿中心第六大道

性质：位于商业型街区的街旁绿地

设计公司：欧林景观设计师事务所（Alin Partnership）

获奖情况：2010年ASLA地标景观奖

时代杂志评出的“最佳设计奖”

纽约杂志评出的“纽约最佳奖”

美国建筑师学会荣誉奖

美国城市土地学会杰出奖

（1）基本情况

布莱恩特公园原为蓄水池广场，1884年，为纪念刚刚过世的诗人及编辑Wilian Cllen Bryant而更名。但是由于设计不当，再加之长期缺少必要的维护费用，公园使用状况一直不佳。到20世纪60年代，这里一度充斥了非法活动，场地的安全性受到极大的威胁。针对公园存在的问题，欧林设计师事务所在1988年对其进行了重新设计，公园于1992年建成重新开放，得到了市民、游客、媒体、专业人士等各界的好评（图5-9-1）。

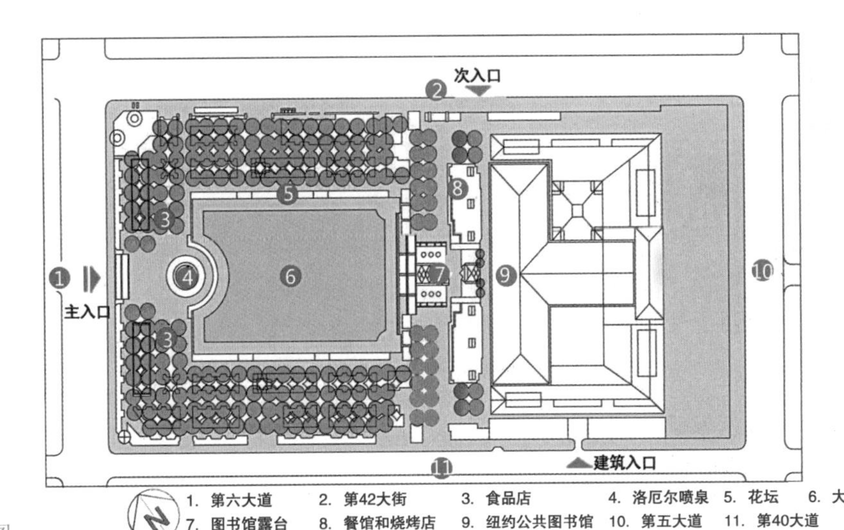

图5-9-1　平面图

(2) 位置及面积

布莱恩特公园坐落在曼哈顿市中心的中央地带，周边为热闹的商业地区。公园用地紧邻第六大道，横跨40街和42街之间，东面为纽约公共图书馆。公园形状近似正方形，长约157m，宽约145m,面积约为22000m^2。该公园属于典型的三面临街的城市街旁绿地（图5-9-2）。

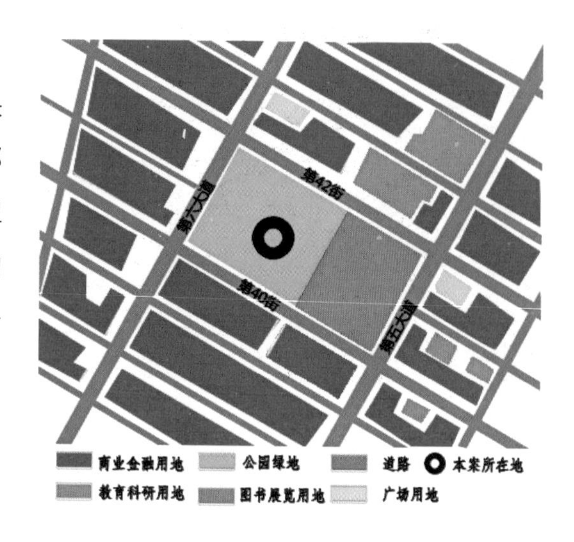

图5-9-2 区位图

(3) 空间组织

公园东临纽约公共图书馆，由于图书馆的建筑风格为新古典主义风格，所以在公园的整体结构的控制上，设计师采用了法国古典式园林的对称手法，用建筑中轴的延伸线控制了整个公园的布局。在中轴线上安排了入口喷泉区、中心大草坪区和图书馆前区，在轴线的两侧则根据人们的活动需求，布置了林下休息区（图5-9-3）。

公园的西部为入口喷泉区，该空间是一个相对开敞的区域，中间的洛厄尔喷泉为主要景观焦点。在喷泉前区有一个开敞的广场，后区则是中央大草坪，两侧有大树遮阴，树下还有贩卖食品饮料的小店，再加上园内有免费的可以移动的座椅提供给人们，这里自然形成了一处舒适的可以让行人长时间停留的休闲空间（图5-9-4）。

图5-9-3 功能分区图

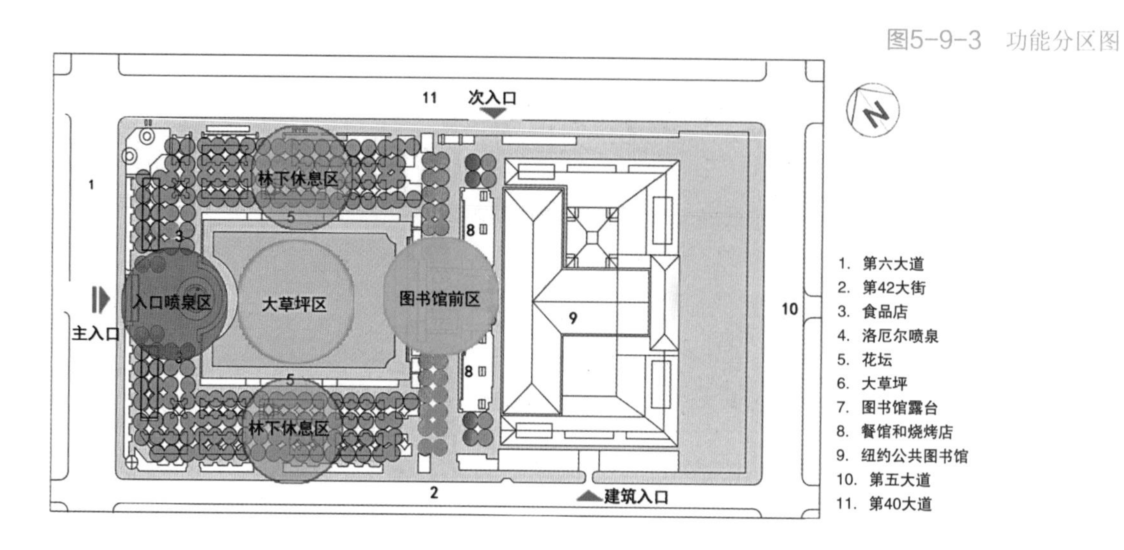

图5-9-4　入口喷泉区

图5-9-5　中心草坪区

图5-9-6　图书馆前区

图5-9-7　林下休息区

中心大草坪区位于公园的几何中心，是最开敞的活动区域，草坪长约77m，宽约55m。宽阔的草坪不仅给人们一个开阔、通透的视觉感受，还提供了一个人们可坐、可躺、享受日光浴的好去处。纽约人特别是年轻人喜欢来此聚会、漫步、聊天、野餐，节假日这里还时常举行音乐会、时装秀等各类活动（图5-9-5）。

图书馆前的带形露台和台阶构成了图书馆前区，该空间通过抬高地坪形成，与公园其他用地有近1m的高差。通长的台阶既联系了露台和草坪区又形成了小坐休息的空间。露台上布置的餐厅和自助烧烤，为公园的人们提供了食物，增加了公园的活动（图5-9-6）。

林下休息区位于大草坪的南北两侧，呈对称式的布局模式。高大的梧桐树形成了空间的顶盖，装饰花箱和周边的道路确定了空间边界。树荫下有可移动座椅供人们休息。在其中设置的名人雕塑，增加了林下空间安静的氛围和纪念的意义（图5-9-7）。

图5-9-8　休憩

图5-9-9　免费读书

（4）行为活动

图5-9-10　节假日活动

公园中主要的行为活动有日常的休憩、阅读，节假日的演出、展览以及儿童活动。

休憩是这一公园中的主要活动，移动座椅、花台、树林、大草坪等都给人们提供了不同氛围的休息环境。浓密树荫遮蔽下的空间舒适宜人，为人们提供了静谧与阴凉。大草坪上阳光充沛、鸟语花香，散发着惬意的生活气息。散布的休闲椅及花台，促进了公园中非正式的社交活动的产生。不同年龄、不同职业的人们都可以在这里找到合适的休息和交流的空间（图5-9-8）。公园西侧的纽约棋艺俱乐部是爱好棋艺人士的乐园，给人们提供了一个下棋交友的场所。同样处于西侧的阅读室为纽约人提供了一处读书的场地（图5-9-9）。

节假日公共活动包括露天电影院、音乐会、百老汇歌舞秀等。图书馆前区的露台为这些活动提供一个很好的场所。每年夏天，布莱恩特公园都要举办很多大型公共活动，吸引大批的游人和居民。最固定的是周一夜晚的露天电影院，吸引了大批人席地野餐。这些活动不仅使公园极具人气，还为公园的各项开支提供了经济来源（图5-9-10）。

此外，公园还为儿童活动提供了专门的区域以满足孩子们的需求（图5-9-11）。

（5）值得借鉴的设计

（a）加强可达性以增加场地的活力

可达性包括视线的可达性和行为的可达性。公园改建之前，由于场地存在高差，加之茂密的灌木丛和围栏阻挡了人们的视线，公园可达性较差，以至于这里曾经成为吸毒者聚集的场所。在公园的更新设计中，设计师特别关注了可达性的问题。首先，通过拆除围栏和清理茂密遮蔽的灌木丛，打通了相邻城市道路与公园之间的视线屏障。其次，消除公园中原有的一些不必要的小型密闭空间，使公园的边界空间与公园内部空间有机的融会贯通，增强了公园的安全性与开阔度。最后，开辟了多个与城市道路相连的开口，使人们可以较自由地进入公园。随着公园可达性的加强，公园吸引了更多的市民和游人，大量的人流为公园活力的提升奠定了基础（图5-9-12）。

（b）风格的整体性与功能的多样性

由于公园南端的纽约公共图书馆为典型的新古典建筑风格，因此，在公园的整体布局上，采用了严谨的中轴对称形式。这样的设计既协调了公园与建筑的关系，又强化了环境设计的整体性。在中轴对称的整体结构控制下，设计师安排了开阔的大草坪、舒适的林下空间以及抬高的露台，满足了人们小坐、阅读、聚会、表演、展览以及儿童游戏等多样化的活动要求。而在这些空间中设置的棋社、小卖店、烧烤店以及活动桌椅等各类设施又进一步促进了人们的相互交流，增加了公园的活力。

图5-9-11　儿童游戏

图5-9-12　公园前后对比图

典型案例10

杰米森广场 Jamison Square

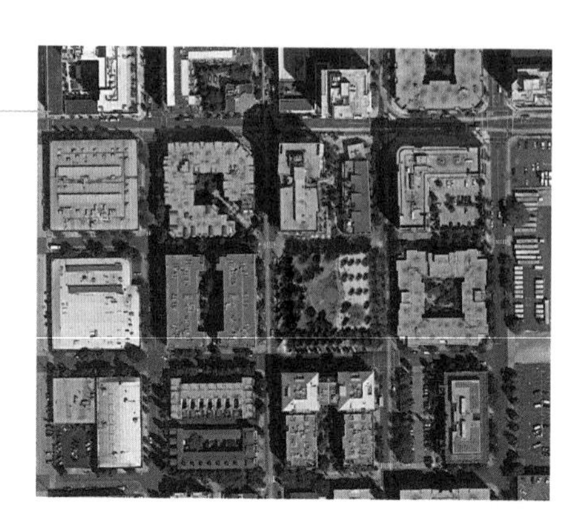

名称：杰米森广场（Jamison Square）

地址：美国俄勒冈州波特兰市西北第十大道

性质：位于生活性街区的城市街旁绿地

设计公司：彼得·沃克联合事务所 (PWP)

设计师：彼得·沃克(Peter Walker and Partners)

（1）基本情况

1999年彼得·沃克联合事务所（PWP）在波特兰河岸区公园系列总体规划竞赛中获胜，杰米森广场是其中第一个建成的公园。设计师彼得·沃克用堆叠的岩石将广场一分为二，半圆形戏水场地、斜坡草坪以及树阵广场构成的景观体现了典型的极简主义风格。建成后的杰米森广场吸引了大量市民，为拥挤的城市创造出一个简洁自然、充满活力的广场空间（图5-10-1）。

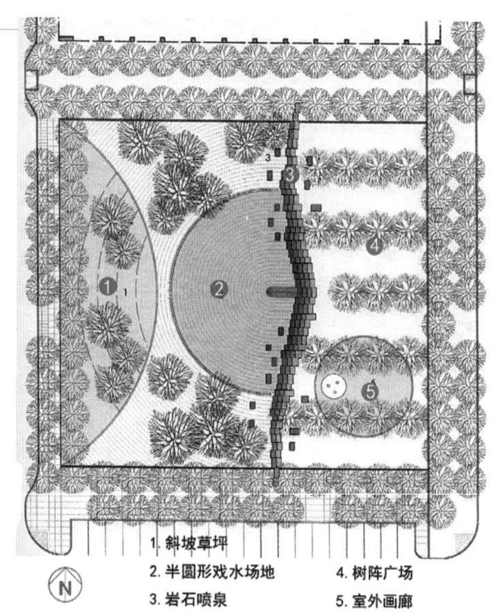

图5-10-1 平面图

（2）位置及面积

广场位于俄勒冈州波特兰市珍珠区的西北方向，处于一片新住宅和办公区之中，毗邻珍珠艺术区。广场东西介于第十大道与第十一大道之间，南北分别与科尔尼街和约翰逊街相邻。属于较为少见的四面临街的城市街旁绿地。广场平面基本呈正方形，场地长约61m，宽约70m，面积约为4200m^2（图5-10-2）。

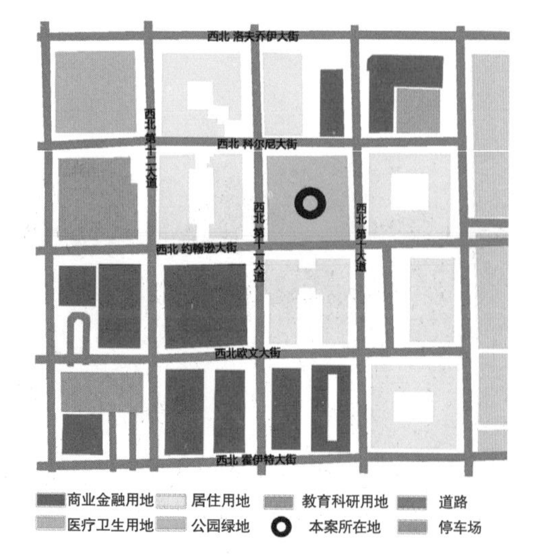

图5-10-2 区位图

（3）空间组织

方形的杰米森广场北面临步行街，其余三面

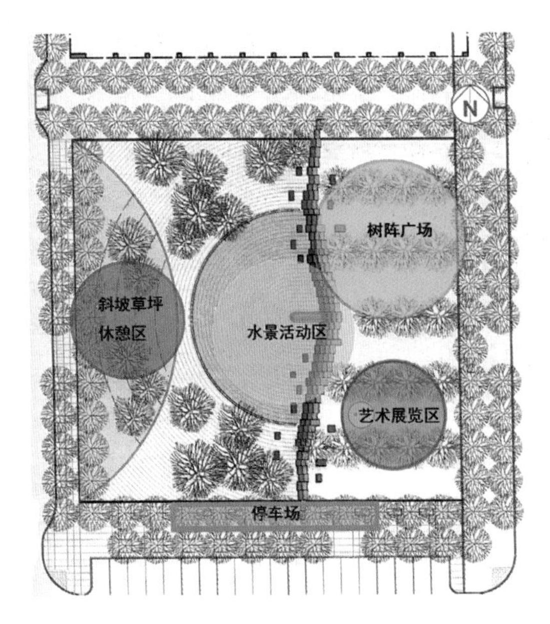

图5-10-3 功能分区图

临城市车行道。除了需要为市民提供休闲活动的场所之外，设计师采用线形与几何图形的分割、融合，创造出多个功能复合型的空间，提升了城市的活力。广场空间主要划分为四个部分，即：斜坡草坪休憩区、水景活动区、树阵广场区和艺术展览区（图5-10-3）。

斜坡草坪休憩区位于场地西侧，紧邻第十一大道。草坪向场地内倾斜形成缓坡，舒适的坡度可供人们随意坐、卧，散植其中的乔木形成绿色的顶盖，在夏日可形成树影斑驳的林下空间，是深受人们喜爱的休息场所。另一方面，草坡阻隔了街道的喧嚣，界定了广场的水景活动区（图5-10-4）。

广场中部的水景活动区是场地的核心景观区，同时也是最具人气的活动场所。水景活动区由半圆形戏水场地和岩石喷泉组成。半圆形戏水场地面向圆心凹陷，模拟浅水潮汐的设计在喷泉涌出时可蓄积浅水，供人们戏水游戏，成为活动的聚焦点。而没有喷泉之时，开阔的广场空间则可作为集会活动的场所。线形岩石喷泉是杰米森广场中的一大亮点，该喷泉由层层叠起的岩石块构成，每一层高约45cm，共分为四层，水流从岩石间的接口处涌到下面的集水区域，形成不间断的跌水景观。岩石喷泉既是视线和活动的焦点，同时也为人们提供了就坐休息的空间，还通过地形高差的变化界定了水景活动区和树阵广场的界限（图5-10-5）。

广场东北部是树阵广场，树阵下布置有木质条凳，东西方向的条纹铺装与南北向的线形岩石喷泉形成对比，使简单的空间产生了丰富的视觉变化。同时，静谧的树阵空间也成了戏水场地的绿色背景（图5-10-6）。

树阵广场南端的圆形草坛是艺术展示区，其中的红色主题雕塑突出了艺术的氛围，艺术品的展示为人们提供了交流的媒介，丰富了场地的活动内容（图5-10-7）。

图5-10-4　斜坡草坪

图5-10-5　岩石喷泉

（4）行为活动

杰米森广场四周开敞，可达性高，各功能空间可满足多种活动需求，尤其是中部水景活动区，吸引了各年龄段的人群来此戏水、交谈、表演和小坐休息。

广场西侧沿街斜坡草坪为人们提供了一个开阔的休息空间，同时作为边界将广场与城市道路分隔开来。人们在阳光明媚的午后躺在草坪中休憩或是阅读，抑或是在悠闲的周末来此进行野餐。

广场中部的亲水活动主要沿着岩石跌水喷泉展开，儿童们在半圆形戏水场地中尽情嬉戏，或是在家长的看护下攀爬岩石（图5-10-8）。成年人则坐在顶层的岩石上聊天、阅读，或者悠闲地看着孩子们玩耍（图5-10-9）。这一看似简单的空间受到各个年龄层的市民欢迎，他们的活动也感染和吸引到更多的游人。

图5-10-6　树阵广场

图5-10-7　主题雕塑

图5-10-8 戏水的人群

图5-10-9 岩石上休息的人们

东侧的树阵休憩空间是广场中一处相对安静的场所，人们坐在树荫下的座椅上享受生活的简单宁静。此外，热爱艺术的人们也愿意在东南端的艺术画廊进行切磋和交流。

（5）值得借鉴的设计

（a）简洁的设计满足多样化的功能需求

作为极简主义风格的代表人物，彼得·沃克在杰米森广场的设计中，延续了他一贯的设计风格，即以简洁的设计创造出丰富的空间，满足人们多样化的需求。

平铺直叙的草坪、简单的铺装、线形岩石跌水喷泉和整齐的树阵是这一场地的主要构景要素。设计中这些要素均未进行过度和刻意的装饰，要素之间的关系简洁明了，但却通过简洁的形式组成了复合使用的功能空间以满足多种需求。以场地东部的草坡为例，这里既是休息的空间，同时也是场地与街道的屏障。与场地相接的弧形的线条，又方便了人们穿越的需求。在杰米森广场的设计中，设计师利用简单的几何语言将广场划分成若干具有复合功能的空间，满足了人们的各种活动需要。

（b）通过参与性的景观设计提升场地活力

“水”是杰米森广场的主题，也是吸引人们进行各种活动的主要媒介。设计师利用“水”这一景观要素模拟浅水潮汐，创造性地通过“城市沙滩”打破了水池和广场的界限，使人们能够与水直接进行交流互动。层层相接的岩石台阶为人们提供了停留的空间，从缝隙中涌出的水活跃了广场的氛围，也为孩子们嬉戏、玩耍创造了机会，而这些又进一步诱发了其他活动的发生。可参与性的水景设计有效地提升了场地的活力。

参考文献

1. 克莱尔. 库柏. 马库斯・卡罗琳. 弗朗西斯. 人性场所——城市开放空间设计导则 [M]. 俞孔坚　孙鹏　王志芳等译. 北京：中国建筑工业出版社 2001

2. 杨・盖尔. 交往与空间 [M]. 何人可　译. 北京：中国建筑工业出版社 1992

3. 里德. 园林景观设计从概念到形式 [M]. 陈建业，赵寅　译. 北京：中国建筑工业出版社 2004

4. 褚冬竹. 开始设计 [M]. 北京：机械工业出版社 2007

5. 诺曼K.布思. 风景园林设计要素 [M]. 曹礼昆，曹德琨　译. 北京：中国林业出版社

6. 芦原义信. 外部空间设计 [M]. 尹培桐 译. 北京：中国建筑工业出版社 1985

7. 艾伦・泰特. 城市公园设计 [M]. 周玉鹏，肖季川，朱青模译. 北京：中国建筑工业出版社 2005

8. Edited by Simon Swaffield. Theory in landscape architecture [M]. Philadelphia University of Philadelphia Press 2002

9. Wolfgang F E Preiser，Post-occupancy evaluation: how to make buildings work better [M]. MCB UP Ltd 1995

10. Jacobo Krauel. Newurban Elements [M]. Bacelona Spain : Link 2007

11. 宁艳. 胡汉林. 城市居民行为模式与城市绿地结构. 中国园林 [J]. 2006，10

12. 段大娟等. 保定市街头绿地调研及其对策. 河北林果研究 [J]. 2006，1

13. 刘奇志，肖志中，胡跃平. 城市景观体系规划探讨　规划研究 [J] 2000，5

14. 白　梅. 邯郸市主城区街头绿地系统评析　工业建筑 [J]，2003，6

15. 刘滨谊，鲍鲁泉，裘　江. 城市街头绿地的新发展及规划设计对策——以安庆市纱帽公园规划设计为例 规划师［J］2001

16. 吴承照，曾琳. 以街旁绿地为载体再生传统民俗文化的途径. 上海苏州河畔九子公园. 城市规划学刊［J］2006，5

17. 刘骏，刘琛. 城市立交桥下附属空间利用原则初探. 重庆建筑大学学报［J］2007，6

18. 胡立辉，李树华，吴菲. 园林无障碍设施调查研究——以北京市为例. 中国园林［J］2009，5

19. 余以平，谭琛. 城上与城下的交流——重庆通远门城墙公园规划设计. 城市规划［J］2003，12

20. 赵元中. 街头绿地设计的一般思路与手法. 浙江林学院学报［J］1995，12（4）

21. 兰芳芳. 街头小游园设计. 甘肃科技［J］2007，8

22. 张军洁，任乃鑫，刘　伟. 提升街头绿地吸引力营造城市绿色空间. 沈阳建筑大学学报［J］2007，1

23. 任爽英，余莉，董丽. 北京市街头绿地植物造景分析——右安街心花园. 中国农学通报［J］2005，6

24. 金云峰，简圣贤. 泪珠公园不一样的城市住区景观. 风景园林［J］2011，5

25. 王琳. 美国纽约西菲尔德广场. 城市环境设计［J］2007，2

26. 王琳. 美国布莱恩特公园. 城市环境设计［J］2007，2

27. 波特兰公园和杰米森广场. 城市环境设计［J］2010，Z1

28. 洪文迁. 从布莱恩特公园看城市公共空间的私有化管理 城市规划和科学发展—2009中国城市规划年会论文集［C］2009

图片来源

第一章配图

图1–1　克莱尔.库柏.马库斯　卡罗琳.弗朗西斯　人性场所——城市开放空间设计导则 [M] 俞孔坚 孙鹏 王志芳等译　北京:中国建筑工业出版社 2001

图1–4　互联网Thomas Balsley Associates 网站http://tbany.com/

图1–5/6　重庆市江津滨江新城控制性详细规划 重庆市规划局提供

第二章配图

图2–1　宁艳 胡汉林 城市居民行为模式与城市绿地结构 中国园林[J] 2006(10)

图2–2　资料《渝中会战——2008–2010重庆市渝中区危旧房改造工作纪实》重庆市渝中区危旧房改造工作指挥部提供

图2–7　铜梁县新城中心区城市设计及控制性详细规划 重庆市铜梁县建委提供

图2–16　互联网

图2–19　里德　园林景观设计从概念到形式[M] 陈建业，赵寅 译　北京 中国建筑工业出版社 2004

第三章配图

图3–6　互联网Thomas Balsley Associates 网站http://tbany.com/

图3–15/16/17　互联网Thomas Balsley Associates 网站http://tbany.com/

图3–19/27/30　旦迪绘制

图3–20/21　改绘

图3–33　互联网 Thomas Balsley Associates 网站http://tbany.com/　改绘

图3–34　根据《人性场所——城市开放空间设计导则》改绘

图3–35　互联网

图3–36　改绘

图3–37　互联网http://wenku.baidu.com/view/1de4c08471fe910ef12df896.html

图3–42～45　互联网Thomas Balsley Associates 网站http://tbany.com/

图3–46　中华人民共和国香港特别行政区政府规划署网站 http://www.pland.

gov.hk/pland_en

图3-47　改绘

图3-49　改绘

图3-50/51　互联网 本地宝旅游网http://sz.bendibao.com

图3-55～59　互联网 中华人民共和国香港特别行政区政府规划署网站 http://www.pland.gov.hk/pland_en

第四章配图

图4-1　互联网http://www.gooood.hk/2012-TOP-10-Landscape.htm

图4-9/10　互联网Thomas Balsley Associates 网站http://tbany.com/

图4-11　互联网DL国际新锐设计-新浪博客http://blog.sina.com.cn/672717195

图4-15/36　旦迪绘制

图4-16　互联网DL国际新锐设计-新浪博客http://blog.sina.com.cn/672717195

图4-20　改绘

图4-21　互联网Thomas Balsley Associates 网站http://tbany.com/

图4-22　改绘

图4-23　互联网http://www.gooood.hk/_d270810499.htm

图4-24　改绘

图4-25/26　互联网http://www.halvorsondesign.com/

图4-27/28　Jacobo Krauel　Newurban Elements　Bacelona Spain : Link 2007

图4-31　互联网DL国际新锐设计-新浪博客http://blog.sina.com.cn/672717195

图4-32　改绘

图4-35　Jacobo Krauel　Newurban Elements　Bacelona Spain : Link 2007

图4-37/38　改绘

图4-39/40　互联网

图4-46　网络

图4-47　改绘

图4-48　互联网DL国际新锐设计-新浪博客http://blog.sina.com.cn/672717195

图4-49/50/51　互联网http://www.gooood.hk/2012-TOP-10-Landscape.htm

图4-52　互联网Thomas Balsley Associates 网站http://tbany.com/

图4-62　互联网http://www.gooood.hk/_d270810499.htm

图4-64　网络http://www.gooood.hk/_d270810499.htm

图4-67　互联网DL国际新锐设计-新浪博客http://blog.sina.com.cn/672717195

图4-75/76　《建筑设计资料集》(1)北京：中国建筑工业出版社 1994

第五章配图

图5-1~10-0　10个经典案例，0标号的位置图均截图自Google地球

图5-1-4~8　互联网http://www.greatbuildings.com/buildings/Paley_Park.html

图5-2-4~11　互联网http://www.sasaki.com/project/111/greenacre-park/

图5-3-4~7　互联网http://www.pwpla.com/projects/seattle-federal-court

图5-3-8　改绘

图5-3-9~12　互联网http://www.pwpla.com/projects/seattle-federal-court

图5-4-4~10　互联网http://www.asla.org/awards/2006/06winners/521.html

图5-5-4~9　Christian Lemon, Dwight Demay Creating a New Downtown Destination Landscape Artchiecture[J] 2008 (04)

图5-6-5/6　George Lam Landscape Design USA [M] Barcelona: Links International 2007

图5-6-7　改绘

图5-6-8　互联网Thomas Balsley Associates 网站http://tbany.com/

图5-6-11/12/13　George Lam Landscape Design USA [M] Barcelona: Links International 2007

图5-7-4~8　互联网DL国际新锐设计-新浪博客http://blog.sina.com.cn/672717195

图5-8-4/9　王琳 美国纽约西菲尔德广场 城市环境设计[J] 2002(02)

图5-8-5～8　互联网 中国风景园林网论坛个人空间http://nbbs.chla.com.cn/

图5-9-4/8/9/10/11　互联网http://blog.163.com/dxw_h/blog/static/176398592011714114555863/

图5-9-5/6/7　互联网http://wenku.baidu.com/view/1de4c08471fe910ef12df896.html

图5-9-12　互联网http://www.gooood.hk/_d270809011.htm 改绘

图5-10-4/6/9　互联网http://www.pwpla.com/1966#

图5-10-5　互联网http://foter.com/f/photo/5753485389/af692cf7ac/

图5-10-7/8　互联网http://www.flickr.com/photos/14199805@N06/6877146896

书中其他所有照片均为作者拍摄，书中其他所有图片均为作者及研究生绘制